城市玩多肉

——超萌种养宝典

谢伟平 / 主编

SPM 南方出版传媒

广东科技出版社 | 全国优秀出版社

·广 州·

图书在版编目（CIP）数据

城市玩多肉：超萌种养宝典 / 谢伟平主编. —广州：
广东科技出版社，2020.3
　ISBN 978-7-5359-7415-0

　Ⅰ．①城…　Ⅱ．①谢…　Ⅲ．①多浆植物—观赏园艺
Ⅳ．①S682.33

中国版本图书馆CIP数据核字（2020）第021519号

城市玩多肉：超萌种养宝典
Chengshi Wan Duorou：Chaomeng Zhongyang Baodian

出　版　人：朱文清
责任编辑：罗孝政
装帧设计：友间文化
责任校对：陈　静
责任印制：彭海波
出版发行：广东科技出版社
　　　　　　（广州市环市东路水荫路11号　邮政编码：510075）
销售热线：020-37592148/37607413
http：// www. gdstp. com. cn
E－mail：gdkjzbb@gdstp. com. cn（编务室）
经　　销：广东新华发行集团股份有限公司
排　　版：广州市友间文化传播有限公司
印　　刷：广州市彩源印刷有限公司
　　　　　　（广州市黄埔区百合3路8号　邮政编码：510700）
规　　格：787mm×1 092mm　1/16　印张13.75　字数400千
版　　次：2020年3月第1版
　　　　　　2020年3月第1次印刷
定　　价：48.00元

如发现因印装质量问题影响阅读，请与广东科技出版社印制室联系调换（电话：020-37607272）。

《城市玩多肉——超萌种养宝典》编委会

组织单位：广州花卉研究中心

主　　编：谢伟平

副 主 编：丘德元　张晓华

参编成员：谢伟平　丘德元　张晓华　曾伟达　黄耀彬

　　　　　常绍东　周晓云　张镇雄　曾武清　宿庆连

　　　　　易懋升　黄明翅　徐双明　钟国君　黄奇峰

　　　　　范正红　陈剑华　陈惠仙　彭雪芳　刘　琳

　　　　　郭凯婷

摄　　影：黄耀彬　谢伟平　丘德元

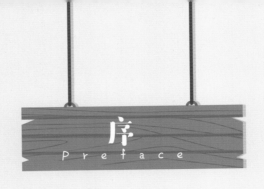

序
Preface

多肉植物的探寻者

　　多肉植物因其娇萌可爱，以及便于打理养护而普受消费者喜爱，其所带动的相关产业无论是花卉种植、家庭园艺、组合盆栽，甚至是部分作为食用，都彰显了其作为观赏花卉的重要性。目前，市面上流行的多肉植物大多起源于美洲和非洲，广东因属热带亚热带气候，较适合多肉植物生长。广州花卉研究中心一直致力于热带亚热带优质花卉品种的创新培育研究与花文化的传播推广，特别是在开展绿化租摆养护服务和创作组合盆栽作品时，经常运用到多肉植物。不忘初心，为了更好地满足人们对多肉植物种养知识和美好生活的向往需求，广州花卉研究中心谢伟平研究员带领研究团队，深入田间地头、温室大棚和花卉市场，指导花农，走访商户，调查研究，潜心著述，探寻多肉植物世界，历时一年半余，完成了《城市玩多肉——超萌种养宝典》一书，以期与朋友们分享认识种类繁多的多肉植物并在多肉植物的种养方面有所收获。该书从多肉植物的形态种类科属、生长习性特点、所需环境条件、盆具土壤选择和日常管理养护等方面娓娓道来，深入浅出地讲述了超萌多肉植物的种养知识。承蒙广州市科学技术局资助经费和广东科技出版社精心编排，让本书能顺利出版。承蒙受邀写序，本人深感荣幸。衷心感谢谢伟平研究员以及编写团队的辛勤付出，也衷心期望本书能成为广大喜欢种植和养护多肉植物的朋友们的好参谋、好助手，并为多肉植物未来的推广应用发展，创造更加美好的前景。

　　谨此为序。

广州花卉研究中心主任、研究员

常绍东　拙笔

　　都市人，工作、学习和生活等节奏越来越快，容易出现亚健康状态。为了减缓压力，都市人愿意选择生活与工作环境中较容易栽培的绿色植物来舒缓压力和调节情绪。多肉大多体型娇小、形态可爱、养护方便，肉嘟嘟、高颜值的超萌多肉成为人们的心头好，变成几案台面最受喜爱的盆栽植物之一。都市人玩多肉已成为一种新时尚，近年来逐渐流行。

　　多肉无需经常浇水，解决了都市人工作繁忙，生活节奏快，空闲时间较少，或者因经常出差外派、外出游玩等长时间无法为植物及时浇水等问题，同时多肉品种繁多，价格亲民，适应各层次人群的需求，这些原因都成为多肉这种"懒人"花卉快速蹿红的理由。目前，多肉在国内市场上流通的品种有600多种，已经占领了国内各大花卉市场不小的份额，成为盆栽领域、花艺设计，甚至景观设计领域必不可少的一分子。

　　多肉种类繁多，起源于不同的区域，其生长习性也不尽相同，对各个地区的气候适应能力千差万别。多肉虽然被认为是植物家族中的"懒人"花卉，但并不仅是通常人们认为的少浇水多晒太阳就可以养好的，想真正养好多肉，让它们展示出最好的萌态，也要基本掌握其品种特性，用心照料。

　　本书主要介绍了这些可爱肉肉们的基本特性、栽培要点、繁殖方法，以及它们在我们日常工作生活中的应用，以便大家更加熟悉它们，让这些小可爱为你的生活带来更多乐趣。

目 录 | Contents

Chapter 3

景天科多肉大联盟

Chapter 4
番杏科多肉家族

Chapter 5
百合科超萌多肉

Chapter 6 其他科属多肉

Chapter 1

养好多肉入门课

1 | 多肉小知识

多肉植物是指拥有肉质的叶片、根或茎，在外形上显得肥厚多汁的一类高等植物，通常具根、茎、叶三种营养器官，花、果实、种子三种繁殖器官，其根、茎、叶某一部分营养器官肥大，具发达的薄壁组织用以储藏水分。在园艺学上，多肉植物又称肉质植物或多肉花卉，但以多肉植物这个名称最为通用。

2 | 多肉家族

多肉植物在分类上隶属几十个科，经过近200年的发展，目前大家比较一致认可英美学者3亚科120~130属、德国学者3亚科130~140属的观点。多肉植物广泛分布于世界各地，以美洲和非洲居多，多达万余种。本书主要介绍景天科、番杏科、百合科、夹竹桃科、菊科、马齿苋科、唇形科、胡椒科、龙舌兰科、萝藦科、大戟科、仙人掌科等275个常见应用品种。

3 | 多肉形态知多少

多肉色彩丰富，形状独特，富有个性，具有呆萌可爱的气质。有的多肉表面着一层白霜，像冰雪小美人，让人心生怜爱；有的多肉表面生长着茸毛，质感柔软，亲和力极强；有的则满身是刺，像个内向的孩子，拒人于千里之外；有的形状奇特，呈现各种不规则形态，个性十足。

3.1 株型千姿百态、变化万千

多肉按株型可分为茎多肉、叶多肉和茎干状多肉。

◎ 茎多肉

主要储水器官是茎部的多肉。膨大的茎的形态有球形、扁球形、圆筒形、柱形等，有的具棱和疣状突起，有变异型，如缀化、石化，还有奇特的鸡冠形和山峦形。茎多肉主要是仙人掌科、萝藦科、大戟科等科的多肉，它们之中的很多种类茎具棱和疣状突起，没有刺座，但有一些种类具刺。

◎ 叶多肉

主要储水器官是叶片的多肉。叶的排列有互生、对生、交互对生、轮生、簇生等，形态不一，海拔较高地区原产的种类叶片通常排列成莲座状，株型紧凑，是家庭栽培观赏的理想种类。也有部分叶片高度肉质化的种类，形态如元宝状、陀螺状或卵石状等。叶多肉主要是景天科、百合科、龙舌兰科和番杏科的多肉。叶多肉种类多，株型小巧，为我国多肉爱好者收集的热门。

◎ **茎干状多肉**

主要储水器官是茎干基部的多肉。这类植物膨大的茎干基部有球形、半球形、圆盘形、塔形、瓶形和纺锤形等。茎干状多肉常见的有酒瓶兰、沙漠玫瑰等。

3.2 附属物多姿多彩、功能齐全

附属物是指多肉的刺、毛、树皮和残留的花梗等。

由于长期适应干旱的环境，一些多肉的营养器官发生了很大变化，原本的叶已退化为针状，仙人掌还具有独特的器官刺座。多肉的刺是一种保护机制的产物，是鉴别种类、进行科学分类的重要依据。刺的形状主要有锥状、针状、匕首状、钩状、栉齿状、羽毛状等。刺的排列、数量、色彩、形状等各式各样，如仙人掌科、夹竹桃科、大戟科等，尤其是仙人掌科植物的刺，其形状、色彩变化无穷。

多肉的毛能够有效地保护植物不被强烈的紫外线灼伤。毛可分为钩毛、丝毛、毡毛等，长短和粗细不一，色彩丰富，如白色毛的白星、猩猩丸，黄色毛的金手指、黄金纽，褐红色毛的黄花南国玉。毛主要着生于仙人掌类的茎、景天科叶面叶缘和马齿苋科一些种的叶腋上。龙舌兰科中的泷之白丝叶缘纤维卷毛犹如人工撕裂

般，引人注目。

一些多肉球体顶端形成高矮不一的花座，这是毛与刺的混合物。一些多肉的茎干外富有木栓质和纸质的树皮，如酒瓶兰等，极具特色。一些多肉残留的花梗，如红彩阁等，独具观赏性。

3.3 花果色泽艳丽、妩媚多姿

大多数多肉都能开花，花的形态结构变化多，有菊花形、星形、蝶形、烟斗形、花篮形、叉形等，其中仙人掌类的花特别艳丽，有的花大色美，有的花瓣具有耀眼的金属光泽，让人过目难忘。有的多肉花期短促，夜开昼闭，具一层神秘的色彩。不少多肉的果实色彩鲜艳，而且能当水果食用，如火龙果等。

❀ 4 | 多肉生理特点一二三

多肉肉质部分含有很多水分，肥嘟嘟肉乎乎，很可爱。体内的充足水分可以让它即便在少雨和干燥的气候下也能生存。

多肉与普通植物相比，有以下几点不同：

（1）生理代谢作用不同。许多种类为景天酸代谢途径的植物，白天气孔关闭减少蒸腾，夜间气孔开放，吸收CO_2存于

体内供白天光合作用。夜间温度比较低，通过气孔散失的水分要比白天少得多，这样就可以避免水分过快流失。

（2）表皮角质层厚、气孔数少，很多种类表皮被蜡被毛，而且凹陷，可有效阻止水分的散失，这类植物水分散失明显比其他植物少。

（3）体内有白色乳汁或无色的黏液，这是一种浓度较高的多糖物质。该类物质在植物受伤时能有效促进伤口结疤愈合，既不致水分过多散失，又可避免病菌侵染。栽培中利用这一特点，可以将一些截面积大的球体、柱形种切顶扦插。

（4）根部渗透压较低。这一点决定了多肉不耐肥，施肥时浓度绝不能过高，亦不宜过多，同时培养土中也不能混有过多的盐类物质，否则根部水分向外渗透会导致植株萎蔫。

（5）忍受失水能力强。许多仙人掌类失水60%不会受害，而普通植物失水20%即会发生萎蔫而难以恢复。

5 | 养多肉的那些肉言肉语

◎ 原生种

原生种，是指植物在原产地自然状态下生长的植株，如景天科伽蓝菜属的福兔耳、景天科银波锦属的熊童子等。

◎ 园艺种

园艺种，又称栽培品种，是指经过选育的品种，简称品种。通过育种手段，显现出野生种没有的特征或将某些特征放大，更符合审美需求，如景天科拟石莲花属的白凤、厚叶草属的月美人。

◎ 单头

单头，是指单个球、单根柱或单个其他形状的植株，没有子球或分枝，如金琥、玉翁等。

◎ 丛生

丛生，是指植株基部分生出许多分枝或小球，并且共同生活在一起的状态，如吹雪柱、红彩阁等。

◎ 群生

群生，一般指在同一植物主体上分生出许多分枝、侧芽或小球，并且共同生活在一起的状态。群生株一般比单生株观赏价值高，如红稚莲群生、特玉莲群生。

◎ 茎干状

茎干状，是指通常见到的块根、块茎状及粗干状，如酒瓶兰、沙漠玫瑰等。

◎ 莲座状

莲座状，是指辐射状丛生多叶的生长节间堆叠着短茎，叶片排列方式形似莲花，如景天科拟石莲花属的观音莲、白凤。

◎ 缀化

缀化，是多肉常见畸形变异现象，又

称带化、冠状变异等，其特征是植株的生长锥呈线状无限分生状态，使植株长成一个扁平、扇形的带状体。缀化变异植株因形态奇异，观赏价值更高，又因其稀少，较原种植株更为珍贵，如仙人掌科中的星球缀化、象牙球缀化、绯红牡丹锦缀化，景天科的特玉莲缀化等。

◎ 石化

石化，是指茎的特殊变形——山峦状变异，在柱状种类中最常见。其特征是植株的生长锥异形分生，茎的棱表现为无规则错乱甚至扭曲，分枝的生长点不规则分化，使整个植株犹如层峦叠嶂，如仙人掌科天伦柱属的山影拳等。

◎ 斑锦

斑锦，也称锦斑、锦化，属于植物颜色上的一种变异现象，是指多肉的茎、叶等部位在生长过程中由于叶绿素发生缺失或变异，造成该部位出现黄、白、红、紫各色斑纹或板块。"不是花而胜似花"，斑锦使多肉植物的观赏颜色种类更加丰富多彩，因此比较受欢迎，如景天科拟石莲花属的蓝鸟锦、黑王子锦，景天科长生草属的观音莲锦，马齿苋科回欢草属的吹雪之松锦等。

◎ 刺座

刺座，又称刺窝，是刺的根部，是仙人掌科植物特有的一种器官，呈圆形、椭

圆形等。刺座上除着生刺与毛外，有些种类的花、子球和小茎节也着生于刺座上，如金琥属金琥的刺座大而密生如短剑般的刺，星球属琉璃星兜的刺座圆而无刺。

◎ 棱

棱，又称肋棱，是多肉的独特构造，在肉质茎表面呈肋状突起，有的呈螺旋状排列。多肉在雨季到来时吸收水分并贮存在体内，当吸足水分后，棱膨胀，在旱季时随着水分不断被消耗，棱又逐渐收缩，保证了植株表皮不会在膨胀和收缩中破裂。棱的数量因种类不同而异，少的仅2~3条棱，多的达100条棱以上，如仙人掌科裸萼球属的瑞云具8~12条棱。

◎ 疣突

疣突，又称疣状突起，是一种肉质突起，与其生态习性有关，是多肉植物为适应干旱环境进一步发展而形成的一种独特构造。疣突的长短与大小随种类不同而异，具有一定的分类意义。如大戟科大戟属的琉璃晃具12~20条纵向排列的疣突，仙人掌科乳突球属的杜威丸、南国玉属的狮子王球和长疣球属的长疣八卦掌的疣突等。

◎ 拟态

拟态，是指某些生物在进化过程中形成的外表形状或色泽斑点与其他生物或非生物异常相似的现象。如番杏科生石花属

的生石花、对叶花属的帝玉因其形态酷似卵石、元宝而被称为"有生命会开花"的石头或元宝。

◎ 窗

窗，是指叶面顶端具有透明或半透明的部分，是原生于树荫中的这些种为了能够在弱光下进行光合作用而形成的特有构造。不同品种有不同的纹路，其奇妙花纹与透明质感是观赏的重点，如百合科十二卷属的水晶白玉露、圆头玉露，番杏科棒叶花属的五十铃玉等。

◎ 软质叶

多肉中柔嫩多汁的叶片，通常指百合科十二卷属中有窗结构的植物，如冰河寿、草玉露等。

◎ 硬质叶

多肉中肥厚坚硬的叶片，通常指百合科十二卷属一般无窗结构但常有疣突的一类植物，如条纹十二卷、琉璃殿，沙鱼掌属的卧牛等。

◎ 肌

肌肤、皮肤的意思，是指植物表皮的颜色，像姬玉露中的紫肌等。肌的颜色与栽培环境和植物状态有关，通常植物在光照强烈和休眠期时颜色较深，在光照不足和生长旺盛期颜色偏绿些。

◎ 丸

丸即为"球"，如仙人掌科乳突球属的白星称为白星丸；某些种类的多肉叶片圆润肥厚，被称为"丸叶"型，如景天科景天属的丸叶松绿等。

◎ 姬、王妃、达摩

均表示小的意思。姬主要用于龙舌兰科、百合科等多肉中，表示为小型种，如姬秋丽、姬玉露等；王妃比姬型种更加小巧精致，如龙舌兰科龙舌兰属的王妃吉祥天锦等；达摩特指短、肥、圆的株型或叶子，如景天科银波锦属的达摩福娘等。

◎ 老桩

老桩是指生长多年、枝干明显、拥有较多木质化枝干的多肉，通常这类多肉具有极高的观赏性，如蒂亚老桩。

◎ 嫁接

嫁接，是把母株的子球、茎或疣突等接到砧木上使其融合并长成新植株的一种繁殖方法，如把仙人掌科的牡丹玉嫁接到量天尺上。

◎ 接穗

用于嫁接的子球、茎或疣突等统称为接穗，如仙人掌科的绯花玉母株萌生的子球等。

◎ 砧木

砧木，是嫁接繁殖时接受子球、茎或

疣突等接穗的植物，如仙人掌科的量天尺、龙神木等，大戟科的霸王鞭等。

◎ 叶插

叶插，是指用多肉的叶片作为插条的繁殖方法。

◎ 枝插

枝插，是指用多肉的枝条作为插条的繁殖方法。

◎ 爆盆

当多肉生长旺盛，侧枝长大后会长满花盆，这种生长密集的情况称为爆盆。

◎ 砍头

砍头，为一种修剪方式的通俗叫法，指把多肉的顶部砍下或剪掉用于枝插。该修剪方式适用于所有多肉。

◎ 徒长

植物在缺少光照、光线过暗、浇水多的情况下茎叶疯长，形态柔弱，叶片间空隙拉大，进而失去原有造型。

◎ 脱皮

一部分坚硬的番杏科植物从休眠开始到重新生长的时候，会脱掉旧的皮。脱皮后植株从旧叶中获取养分，中央的心叶开始形成。

◎ 闷养

闷养是低温季节多肉的一种养护方式。通常针对玉露、十二卷等喜湿品种，用塑料罩子或者覆膜、套袋等扣在植株上方，以增加温度和湿度。

◎ 休眠

不同类型的多肉在各自喜欢的气候中生长发育，在其他气候中处于休眠状态。休眠时植株处于自然生长停顿的状态，往往会出现落叶或地上部分枯萎的现象，常出现在冬季和夏季。植物进入休眠状态并不是不进行任何生命活动，实际上它们仍进行蒸腾作用，并不断从根部吸收少量水分。因此，休眠期应根据种植环境和盆土情况微量补给水分，以免多肉根系干枯而死，但不能多浇水。

◎ 生长发育类型

根据多肉原产地生长期的不同，大体可以分为春秋型、夏型、冬型三种类型，春秋型喜欢温暖气候，夏型喜欢较高温气候，冬型喜欢较冷凉气候。

（1）夏型种。也称冬眠型植物，是一类在原产地夏季生长旺盛、冬季呈休眠状态的多肉。夏型种包含仙人掌科和大戟科的大部分植物，以及景天科的景天属、拟石莲属、瓦松属等。

（2）冬型种。也称夏眠型植物，是一类在原产地冬季生长、夏季呈休眠状态的多肉。番杏科大部分肉质化程度高的种类，马齿苋科回欢草属中纸质托叶的小叶

种，景天科莲花掌属、长生草属和部分青锁龙属等。

（3）春秋型种。生长最佳的季节是春季和秋季的多肉。该类多肉夏季生长迟缓，但休眠不明显或休眠期较短，冬季如能维持较高温度也能生长，但耐寒性较差，如景天科的天锦章属、拟石莲花属、部分青锁龙属和部分风车草属，百合科的十二卷属，萝藦科的大部分种类，马齿苋科的回欢草属等。

6 I 多肉生长的环境条件

多肉原产于除南北极以外的世界其他各地，以非洲和美洲居多，非洲最为集中。多肉对生态环境的要求必须以原产地的气候土壤条件为主要参考依据，因此了解多肉的原产地，可以让我们更好地培育它们。

6.1 温度

多肉生长需要适宜的温度，大多数品种春秋季栽培比较适宜，冬型种和春秋型种在夏季需要适当遮阴、通风等进行降温。在冬季，温度管理最为重要，大多数多肉在5℃以上都可以生存，当温度低于0℃时大部分会有严重损伤，部分夏型种生存最低温为10℃。

6.2 光照

虽然大多数多肉喜光照充足，但也要区分对待。在生长过程中，如果光照不足，则会使茎叶细弱，发生徒长，颜色变浅，而光照过强时，又会出现萎缩或晒伤现象。

6.3 水分

多肉大部分生长在干旱地区，每年有很长的时间根部吸收不到充足的水分，仅靠体内贮藏的水分维持生命。不同种类的多肉需水量不同，生长季节需水比休眠季节多，给水的基本原则是"生长期充足给水"和"休眠期断水或少量给水"。多肉有很强的抗旱能力，不像普通花草那样需要充足给水，给水太多反而容易腐烂或徒长。

6.4 基质

多肉对基质的总体要求是疏松透气，颗粒适中，排水良好，具有一定的保水性能，含一定量的腐殖质，肥力适中，保肥性好。大多数多肉喜欢中性或微酸性基质，少数种类喜微碱性、富含钙质的基质。基质通常由泥炭藓、椰糠、蛭石、珍珠岩等加上草炭或泥炭土组成，对于生长较慢、肉质根多肉可以加大粗砂的用量或添加一些颗粒土。

Chapter ②

懒人的幸福
——养活多肉超简单

1 | 小工具，大作用

种植多肉的工具一般有喷壶、刷子、铲桶、剪刀、小铲、小耙、气吹、镊子、弯嘴浇水壶等。

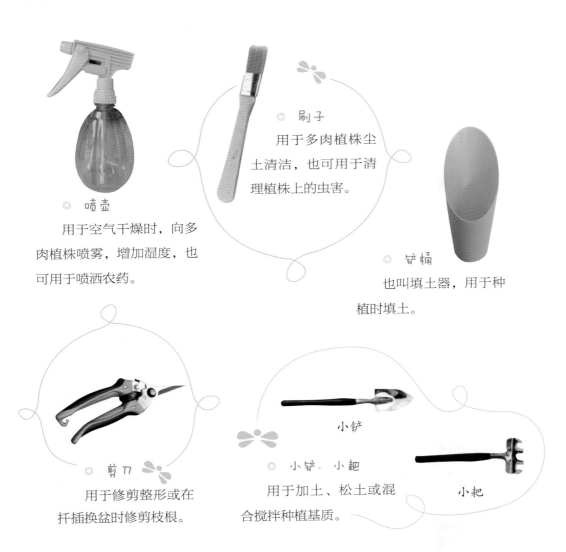

◎ 刷子

用于多肉植株尘土清洁，也可用于清理植株上的虫害。

◎ 喷壶

用于空气干燥时，向多肉植株喷雾，增加湿度，也可用于喷洒农药。

◎ 铲桶

也叫填土器，用于种植时填土。

◎ 剪刀

用于修剪整形或在扦插换盆时修剪枝根。

小铲

◎ 小铲、小耙

用于加土、松土或混合搅拌种植基质。

小耙

◎ 气吹

多用于清除叶面被霜粉多肉的灰尘，避免损害叶面的霜粉。

◎ 镊子

用于扦插时固定植株，也可日常用于清除枯叶、烂叶和虫害。

◎ 弯嘴浇水壶

用于多肉根部精准浇水。

 2 | 花盆好看，还要实用

2.1 适合的，才是最好的

花盆选择以透气、美观、大小适中为主。透气的花盆有助于多肉根系呼吸，防止烂根。美观则是基于观赏性、艺术性方面的考虑。

2.2 不同材质花盆大比拼

◎ 陶盆

质朴自然，透气性能好，有利于多肉生长，是栽种多肉的常用盆具，但盆器重，易破损。

◎ 塑料盆

价格低廉，颜色、造型丰富，使用轻便，不易破损，但透气性不好，易老化，家庭较少选用。

◎ 瓷盆

外形美观大气，造型多变，但透气性差，易破损。

◎ 紫砂盆

外形古朴雅致，质感强，较具文化底蕴，但价格较高，易破损。

◎ 木盆

富有田园风情，具较好的透气透水性能，但较易变形、腐烂，耐用性较差。

◎ 玻璃盆

风格独特，能直观盆土，多用于多肉组合微景观或水培多肉。盆底一般无排水孔，透水透气性差，极易破损。

创意花盆

创意花盆

创意花盆

◎ 其他材质创意花盆

取材广泛，材质丰富，外观形状也多变，极具创意和趣味性，可利用日常生活用品，如茶杯、茶壶、碗、盘子等作为容器使用。

2.3 换盆or上盆，一样简单

　　大部分多肉需要不定时换盆，一般成品株2~3年换1次，但有些品种的小苗可一年移栽数次，以促进生长。华南地区2月下旬已有了春的气息，可对小苗进行换盆，成品株一般在3—4月换盆，而一些冬季生长、夏季休眠的冬型种可在8月底至9月初换盆。总之，换盆时间宜在休眠期快要结束，植株即将生长时进行。丛生的植株可在换盆的同时进行分株繁殖。此外，如果发现植株有烂根现象，可随时进行抢救性换盆。以虎尾兰为例，具体方法如下：

　　（1）换盆前1~2周停止浇水，让基质相对干燥些，与盆产生离层，方便取出植株。

　　（2）用手轻敲打花盆，使基质与花盆分离，用手握住植株，轻轻取出多肉植株。

取出整个植株

　　（3）用手轻轻将植株根部基质抖落去除。

抖落植株根部基质

　　（4）检查植株根系和叶片情况，剪除枯萎根、病根、弱根和过长根并除去病虫，将修剪后的植株在阴凉通风处晾干伤口。

晾放植株

（5）上盆，将晾干伤口的植株上新盆（具体参考多肉的栽种）。

（6）上盆3~5天后浇水。

重新上盆

 3 | 多肉栽种一二三

从市场购得的多肉，盆具大多还是生产栽种用的塑料盆，不太美观，且一般植株已长满盆，需要换盆重新栽种。

栽种步骤如下：

（1）根据植株大小选好盆具，一般盆径比植株冠幅要大2~3 cm。

（2）盆底出水口处放置盆底网，也可以放置较大的颗粒基质，防止基质流失。

（3）盆底网上铺疏水石，如陶粒等。

（4）疏水石上铺一层疏水透气层，如麦饭石等颗粒基质。

（5）按顺序加入配置好的多肉基质，一般加土至盆具深度的1/3~1/2。

（6）将多肉植株从原盆具中取出。

（7）适当修剪一下多肉植株的残枝残叶。

（8）将多肉植株植入已加好基质土的新盆中。

（9）用基质填充空隙至低于盆沿约1 cm，表层可铺盆面石装饰。

准备选定盆具

盆底网

放置盆底网

放置盆底疏水石

铺疏水层

加铺多肉种植基质

加铺多肉基质

选择多肉植株

从原盆移出多肉植株

修剪多肉植株残叶

植入盆中

用基质填充盆中空隙，铺盆面石

换盆后的多肉植株

 4 | 土壤的选择

4.1　常用土壤种类

多肉常用颗粒性基质有蛭石、河沙、珍珠岩、陶粒、绿沸石、硅藻土、麦饭石、火山岩等；一般性基质有专用营养土、泥炭土、椰糠、水苔、园土等。基质可以由一种或几种混合而成。

◎ **专用营养土**

由多种基质混合而成，具有较好的透水、透气和肥力，适合大多数多肉。

专用营养土

◎ **泥炭土**

有机质丰富，质地松软，吸水力强，透气保水性能良好，是多肉常用基质。

专用营养土

泥炭土

◎ 蛭石

材料较轻，透气保水保肥性能良好，有一定的促根作用，多与其他基质配合使用。

蛭石

◎ 椰糠

由椰壳加工而成的有机质，透气保水良好，有一定的促根作用。

椰糠

◎ 河沙

透水透气性能良好，可混合其他基质使用或用于多肉盆栽铺面装饰。

河沙

◎ 水苔

由苔藓制干而成的有机质，吸水保水透气性能良好，常与其他基质混合使用。

水苔

◎ 珍珠岩

材料较轻，质地均匀，通气透水性良好，需与其他基质混合使用。

珍珠岩

◎ 陶粒

较大的陶质颗粒多呈圆形或椭圆形，质轻，具很好的透气透水性能，多用作盆底石或与其他基质混合使用，也常用作盆栽铺面装饰。

陶粒

绿沸石

绿沸石

◎ 绿沸石

是一种含有水架状结构的铝硅酸盐矿物，中间形成很多空腔，质轻，具很好的透气透水性能。

◎ 麦饭石

麦饭石是一种天然的硅酸盐矿物，含有大量的矿物元素，质轻，具很好的透气透水性能。

麦饭石

麦饭石

火山岩

◎ 火山岩

又称玄武岩，是火山爆发后形成的多孔形轻质石材，含有大量的矿物元素，疏松透气，排水良好。

火山岩

◎ 园土

又称菜园土，较肥沃，透气性差，易板结，需混合其他基质使用。

园土

4.2　肉肉配土不能照搬套用

基质配置以疏松透气、排水良好和适量的营养为原则，常见有小苗基质、成品株基质和老桩基质3种类型。

（1）小苗基质，颗粒性基质与一般性基质按大约3∶7的比例配置。

（2）成品株基质，颗粒性基质与一般性基质按大约5∶5的比例配置。

（3）老桩基质，颗粒性基质与一般性基质按大约7∶3的比例配置。

各种多肉基质

多肉基质配置混合

多肉基质配置

4.3　杀好菌，防肉肉生病

为了防止多肉感染病菌，多肉种植尽量不要用其他植物用过的基质，新鲜干净的基质也要进行基质杀菌消毒处理，以降低多肉感染病虫害的概率。家居种养可采用暴晒进行消毒，亦可喷洒多菌灵、高锰酸钾等药物杀菌消毒。

 **5 | 勤施薄施，让多肉
快快长大**

5.1 肥料家族——登台

多肉常用肥料有缓释颗粒肥、液体肥及鸡粪有机肥。

◎ **缓释颗粒肥**

肥力持久，肥效缓慢，施用简单方便、干净卫生。

多肉缓释颗粒肥

多肉专用肥

多肉专用液体肥

多肉专用液体肥

◎ **液体肥**

肥力见效快，施用简单方便、干净卫生。

◎ **鸡粪有机肥**

用鸡粪为主通过消毒加工而成的有机肥，肥效长，价格低，但肥效慢、有异味。

鸡粪有机肥

鸡粪有机肥

5.2 把握施肥时机

多肉生长缓慢，需肥量不多，应严格控制施肥。一般在生长期施肥，每季1~2次。施肥量一般同多肉生长量相对应，生长量大需肥多一些。多肉休眠期和半休眠期不宜施肥，宜在初春多肉进入第一阶段的生长期和初秋多肉进入第二阶段的生长期进行施肥。

5.3 多肉施肥有妙招

（1）缓释颗粒肥放在花盆表面，或在上盆时适量均匀混入基质。

（2）液体肥按照说明稀释兑水后，直接喷洒至多肉表面，或采用灌根方式进行施肥。

（3）鸡粪有机肥一般作基肥，在上盆时适量均匀混入基质。

6 │ 浇水，可是一门大学问

6.1 浇多少，什么时候浇

多肉与其他花卉相比，一般需水不多，浇水过多易致烂根甚至死掉，但不同品种和生长期需水量也有差别。生长旺盛的大型品种需水量稍大，浇水至盆底有水流出为宜；叶茎有白粉的品种，不能从植株上方给水，需沿盆边向盆土表层给水。

多肉休眠期要断水或只给微量水，且浇水后要注意保持通风，因为潮湿的环境植株容易发生病害而腐烂。多肉不宜露天淋雨，平时养护采用"见干见湿"原则浇水，既要满足生长所需要的水分，又要保证根部呼吸作用所需要的氧气，以利于其健壮生长。视季节和天气情况，通常生长期一般10~15天浇1次水。小苗浇水次数适当多一些，老桩少一些；叶片肥大的少浇一些，叶片薄的多浇一些。一般夏季宜在早晚浇水，春秋季和冬季多在中午前后浇水。

6.2 浇水的多种方法

◎ **直接浇水**

直接浇水，即直接向花盆内浇水，一次浇透至盆底出水。注意浇水后及时清除底碟积水。

清除底碟积水

◎ 喷洒

空气干燥时，向植株或植株周围喷雾，增加空气湿度。小苗和叶插苗多采用喷壶喷洒多肉表面。

◎ 灌根浇水

对叶面有霜粉和软质叶类的品种，采用弯嘴壶可直接精准灌浇根部或沿盆边缘浇水，可严格控制水量，防止冲刷叶面霜粉、叶片积水和大水伤根等。

灌根浇水

7 | 繁殖大全，让你成为肉肉大户

7.1　期待露芽的播种法

用播种的方法进行繁殖，通常是将收集的种子直接播种，如番杏科的生石花。播种前，种子、用具和基质先进行杀菌处理。播种管理如下：

（1）将育苗花盆土壤浇湿浇透。

（2）把种子均匀撒在土壤里（如种子较大，则在土壤扎一些小坑直接播种）。

（3）将育苗花盆摆放至散射光充足、通风良好处，经常喷雾保持土壤湿润，7~20天后即可出芽。

7.2　神奇的叶插

大多数叶多肉品种都可以用叶插的方式繁殖。

叶插植株

具体做法：

（1）取下叶片，放阴凉处2~3天晾干伤口。

取下叶片

（2）平放或斜插放在盆上（约3天后才浇水）。

斜插放叶片

平放叶片

（3）将育苗盆摆放至散射光充足、通风良好处，经常喷雾保持土壤湿润，20~30天即可生根。

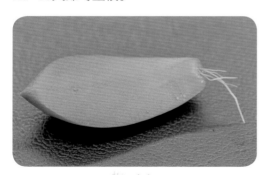

叶插出根

7.3　枝插，快速成株秘诀

枝条多的多肉可切下枝条繁殖，枝插应在多肉生长期间进行，如蒂亚。

枝插植株

具体做法：

（1）剪下枝条。

剪下枝条

（2）适当修整枝条下部多余叶片，枝条下部留3~4 cm长。

修整枝条

（3）将枝条放阴凉处2~3天，确保切口干燥。

放阴凉处晾干枝条切口

（4）将枝条插入盆中（6~7天后浇水）。

枝条插入盆中

（5）将育苗盆摆放至散射光充足、通风良好处，经常喷雾保持土壤湿润，20~30天即可生根。

枝插20~30天即可生根

7.4　分株，简单，还安全

将多肉植株母株旁生长出的幼株分离出母体，分别种植，使其成为新的植株，即为分株。群生多肉品种可采用分株繁殖方法，如观音莲。

分株植株

具体做法：

（1）取出植株。

取出植株

（2）清理根部基质。

清理根部基质

（3）进行分株，将幼株分离出母体，选取根系多、健壮的幼株。

选取根系多、健壮的幼株

（4）植入盆中（6~7天后浇水）。

植入盆中

（5）20~30天后长出须根。

长出须根

7.5 砍头，也行？

砍头，是指把多肉的顶部砍下或剪掉用于枝插，同时促使侧芽生长的一种繁殖方法，让多肉从1株变成2株，从单头变成多头。该方法基本适用于所有多肉。具体做法：

用于砍头的植株

（1）选取长势良好的植株。

切取植株顶端

（2）切取顶端部分，原植株还可以保留。

晾干切口

保留原植株

（3）切取的顶端部分放置阴凉处2~3天，晾干切口。

（4）将切取部分插入盆土中，7~10天后浇水即可。

8 | 病虫害防治，不得松懈

8.1 弱弱的多肉处理

对于长势弱、不健康的多肉，一般先将长势弱或有病害的部分去除，并视恢复情况保留生长良好的。

去除病害根

8.2 发病肉肉防治

◎ 炭疽病

炭疽病为真菌性病害，是多肉主要病害之一，多在高温潮湿季节发生。除了保持通风和日照外，还可用多菌灵等杀菌剂防治。

◎ 灰霉病

灰霉病为常见真菌性病害，多在低温高湿环境发生。养护中要保持通风、干燥，发病时可喷洒杀菌剂。

◎ 黑腐病

黑腐病是由尖孢镰刀菌真菌引起的。尖孢镰刀菌是一类既可侵染植物又可在土壤内生存的兼性寄生真菌。养护中要注意通风控水，发病时先剪除病部，然后用多菌灵等杀菌剂防治。

去除长势弱的叶片

去除病害叶片

黑腐病

8.3 长虫的肉肉，咋办

◎ 介壳虫

介壳虫为比较难治的一类害虫，主要为害嫩芽。防治手段：初发时可用毛刷直接清除，也可用40%速扑杀乳油800~1 000倍液喷杀。

◎ 红蜘蛛

红蜘蛛喜高温干燥、通风不良的环境，主要吮吸幼嫩茎叶汁液。防治手段：可通过喷水加大环境湿度，减少和避免蔓延，保持良好通风；发现虫害及时喷药，可用40%三氯杀螨醇乳油1 000~1 500倍液或1.8%阿维菌素乳油1 000~1 500倍液防治。

◎ 蚜虫

蚜虫为常见虫害，主要吸食幼嫩茎叶。把多肉移至室外通风良好处养护，可减少蚜虫的为害。

◎ 粉虱

在大戟科的彩云阁、虎刺梅等多肉发生较多，在叶背刺吸汁液，造成叶片发黄、脱落，同时会诱发煤烟病。防治手段：除改善环境通风外，发生初期还可用48%乐斯本乳油800~1 200倍液喷根系。

8.4 及时掌握肉肉的状态

家养多肉经常遇到植株徒长、掉叶、腐烂等问题。

◎ 徒长

多肉徒长一般是由于光照不足和水肥过量所致。对徒长的多肉，可移至光照充足的场所养护，同时适当控水控肥。对于徒长严重的多肉，需进行适当修剪。

◎ 掉叶

多肉掉叶分生理性掉叶和病理性掉叶。生理性掉叶原因有长期缺水和浇水量

家庭专用农药

家庭专用杀虫喷剂

徒长

掉叶

过多两种，合理给水可避免生理性掉叶。病理性掉叶则应及时防治病害。

◎ 腐烂

在水分和营养供给过多时植株容易出现腐烂情况。腐烂一般由根部开始，并延伸到整个植株。出现腐烂时，可将植株中烂根部分清除，移入新盆，并在1周内不要浇水，让植株恢复生长。

水化烂叶

茎叶腐烂

  9｜多肉达人养成秘籍

9.1　通风、降湿、降温和保温

浇水后环境湿度变大，不利于多肉生长，因此要将植株放置在通风良好处一段时间，确保植株生长良好。

多肉的生长需要适宜的温度，通常生长适温为10~30℃。大多数多肉在5℃以上都可以生存，但温度低于0℃时会有严重冻伤。冬型种和春秋型种在夏季高温条件下需要适当遮阴、通风、降温。

温度管理是冬季最重要的任务。部分夏型种生存最低温为10℃。个别品种如长生草属相关品种，原生地为温带到寒带、高山带，具备耐寒性，可以在室外低温越冬，但一般不宜放置低于5℃的环境，需要使用覆膜等方法控温在5~10℃或移到室内向阳处。

夏季持续的高温会迫使大部分多肉进入休眠，等到秋季温度适宜时又开始生长。夏季应适当遮阴降温与通风，或将多肉移至有空调的环境中。多肉在生长旺盛期都喜欢昼夜温差大的环境，尤其是景天科拟石莲花属等观叶类多肉，在秋季昼夜温差大时，叶色非常美。

9.2 日照和遮阴

大部分多肉宜放置在光线明亮处栽培，室内栽培时也应有直射阳光或散射光充足，如室内光照不足，可采用午前晒太阳的方法增加光照。通常春秋季要尽量保证光照充足，夏季需要适当遮阴。仙人掌类植物大多对光照要求较高；表面覆有霜粉或者白色茸毛的多肉，在夏季直晒也没有问题；叶片变色的多肉也宜给予充分光照。

有水嫩柔软叶片或斑纹的品种，在夏季宜放置在遮阳30%~50%的地方。对于处于休眠期的冬型种和春秋型种，夏季同样要进行遮阴处理，防止叶片晒伤；十二卷属的多肉和刚上盆或换盆的多肉，要避免阳光暴晒。每年9月，在华南地区大部分多肉进入了第二阶段的生长期，这时夏型种可减少遮光。

9.3 肉肉休眠期的养护

夏季超过35℃时，大部分多肉会进入休眠状态，特别是冬型种。当温度达到40℃时，几乎所有的多肉包括夏种型都会进入休眠状态。冬季低于5℃时，大部分多肉会进入休眠状态，低于0℃时植株会停止生长。在休眠期要谨慎给水（夏季）或完全不浇水（冬季）。谨慎给水是指每月浇1次水，浇少量。休眠时要停止施肥，也不宜进行移植、分株、翻新、叶插等。夏季休眠时，室外摆放的应放到阴凉处或作适当遮阴处理；冬季休眠时，室外摆放的应放回5℃以上的室内保温。

9.4 肉肉叶片大扫除

多肉形态奇特各异，以茎为主且多有尖刺，一般不宜用擦拭的方法清理表面，特别是被霜粉的品种。在养护过程中，可以用毛刷清理、电吹风冷风吹、气吹吹。非被霜粉品种，可以浇水冲洗，但浇水后要加强通风，保证植株不积水。

用气吹吹净多肉表面

 10 | 多肉组合，很好玩

10.1 多肉盆景

多肉具形态多变、色彩丰富、易繁殖、萌芽力强、耐干旱、养护简单等特点，非常适宜做微型盆景。制作多肉盆

器里，表达各种不同的意境。多肉组合盆栽创作手法灵活自由，装饰效果时尚，受到人们的欢迎。

选用的容器多样化，从普通塑料花盆到木质、陶艺、石头、竹制品、铁艺等，材质丰富，外观形状变化也多，甚至日常生活用品，如茶杯、茶壶、碗、盘子等都能够作为容器使用。

品种选择要求习性强健、适应性强、繁殖容易、大小适中。

造型方面，如多肉拼盘，将多种多肉组合在一个盘中，形成色彩丰富、富有生机的一个大组合。瀑布形造型则是利用容器的特殊造型形成缺裂缝，将多肉按从小到大顺序竖行排列在缺裂缝中形成瀑布状，十分有趣。将多肉组合在枯木槽里，利用高低组合，形成自然山水画卷，意境深远。在突出趣味性方面，可以组合成卡通图案、编织花环、壁挂画框等，形式多样。

景，宜选带明显主干、有分枝、习性强健、容易繁殖的品种，如景天科的花月、红稚莲、球松、白牡丹、薄雪万年草、松塔景天、筒叶菊、乙女心等，以及马齿苋科的金枝玉叶、大戟科的火麒麟、仙人掌科的山影拳、芦荟科的芦荟等。

10.2 多肉组合盆栽DIY

多肉组合盆栽是将不同品种的多肉植株通过艺术设计等手法组合栽种在一个容

多肉组合盆栽因为常常选取多个品种进行组合，应注意其习性的相近性，最好将同科同属植物组合在一起，或者依生长

习性按冬型种、夏型种、春秋型种分类别组合，以便于日常养护管理。在种植初期不要太密集，留出适当的生长空间，可在缝隙位置散置石米或铺放佛甲草、薄雪万年草等遮盖裸露的土壤、装扮多肉组合盆栽。

城市公园等也多设有温室馆，展示多肉，甚至街头公共空间，在自然条件许可的情况下也有用多肉来造景的。一些大型写字楼中庭或休息区会利用多肉耐旱的特性营造沙漠植物景观，给人耳目一新的视觉感官。

10.3 多肉在园林造景中的应用

在景观应用中，多肉除了在植物园建设多肉专类园用于收集示范应用外，现在也越来越多地应用于公园、小区、学校、写字楼的公共空间布景中。国内的大型植物园如北京植物园、上海辰山植物园、华南植物园、深圳仙湖植物园、厦门植物园等设有仙人掌等多肉专类园，在一个相对集中的区域建造温室，模拟自然生长状态，将多肉植物用造景手法进行种植，配以岩石、沙池等沙漠干旱地区元素展示。

Chapter ③

景天科多肉大联盟

红稚莲（景天科拟石莲花属）

••••••••

特　性：园艺种、夏型种。叶片光滑，松散排列
　　　　成莲座状。叶先端尖，绿色，边缘红色，日照增
　　　　加及温差增大时逐渐变为红色。在生长过程中茎
　　　　干逐渐变长，出现分枝，呈群生状，容易培育老
　　　　桩。夏季无明显休眠期。春季开花，聚伞花序，
　　　　花倒吊钟形，黄色。

 养护技巧

日照｜生长季节要求阳光充足，夏季高温时忌烈日，冬季需放室内向阳处
　　　养护。

温度｜喜凉爽，生长适期为春秋季。夏季不持续超过35℃可以生长
　　　良好，冬季10℃以下时需保温，持续低于5℃时呈休眠或生
　　　长停滞状态。

水分｜春秋季浇水按"见干见湿"原则进行，浇水后注意加强通
　　　风，防止水分过多。11月至翌年2月要控水。

土壤｜盆土宜用透气、松软的基质。老桩栽培配土颗粒比基质要多一些。

繁殖｜叶插、扦插。

紫珍珠 / 纽伦堡珍珠

（景天科拟石莲花属）

· · · · · · · · · ·

特　性：园艺种。叶片阔圆形，排列成莲座状，较宽，表面光滑，肉质稍厚，具明显短叶尖，外叶紫粉色，中央嫩叶为淡粉紫色。几乎全年生长，进入秋冬冷凉季后，光照越充足、温差越大，紫色越深，容易出锦。夏季开花，花由叶腋间抽出，聚伞花序，花红色或紫橘色。

 养护技巧

参照红稚莲。

彩虹 / 紫珍珠锦

（景天科拟石莲花属）

· · · · · · · · · ·

特　性：园艺种、夏型种。叶片色彩绚丽，向内凹陷，有波折，排列成莲座状，叶面光滑，不易积水，被轻微的白粉。强光或温差大时，叶片出现嫩粉红色的锦。日照充足时，叶色锦斑部分更艳丽，株型更紧实、美观。弱光条件下，则叶色浅灰红，叶片拉长，颜色较暗淡。

 养护技巧

参照红稚莲。

蓝石莲 / 皮氏石莲花
（景天科拟石莲花属）

....

特　性：夏型种。叶片匙形，叶缘圆弧状，顶端三角形，蓝绿色，排列成莲座状。秋冬季长日照、温差大和控水条件下，叶片肥大，蓝粉厚，易出现粉边和中心叶粉红色的锦。光照不足时，叶色苍白，红边不明显，叶片拉长变薄，排列松散。春末夏初开花，聚伞花序，花钟形，橙红色。

 养护技巧

参照红稚莲。

特玉莲（景天科拟石莲花属）

....

特　性：夏型种。叶片蓝色，略被白霜粉，排列成放射形莲座状；叶片匙形，外缘向外弯曲，有小尖。充足的日照下叶片紧凑、肥厚，秋冬季阳光充足、温差变大时，叶片边缘逐渐出现淡粉红色。生长较缓慢，易从底部长出小苗，易群生。春末夏初开花，总状花序，花橙红色。

 **养护技巧**

参照红稚莲。

蓝姬莲（景天科拟石莲花属）

·········

特　性：叶片短匙形，密集轮生，紧凑排列成莲座状，叶尖明显，叶片日常为蓝绿色。生长较缓慢，易群生。秋冬季日照充足、昼夜温差大、控水严格后可令叶片包裹起来，叶片叶缘变微粉红色至深红色。

 养护技巧 ——————

参照红稚莲。

爱斯诺/塞拉利昂
（景天科拟石莲花属）

·········

特　性：夏型种。叶片较肥厚，粉蓝绿色，具明显的叶尖，叶面稍内凹，背部稍隆起。出锦时叶缘泛粉红色至红紫色。光照越充足，株型越紧凑，叶片越肥厚。易出侧芽，呈群生状。

 养护技巧 ——————

参照红稚莲。

城市玩多肉
——超萌种养宝典

高砂之翁（景天科拟石莲花属）

特　性：园艺种。叶片大，向内曲折，边缘呈大波浪形皱褶，略被白粉，嫩叶浅绿色至粉红色，成叶叶缘颜色较深。夏季烈日照射时，叶片易出现晒斑。夏季开花，聚伞花序，花钟形，橘色。

 养护技巧

参照红稚莲。夏季7—9月和冬季11月至翌年2月要严格控水。

舞会红裙（景天科拟石莲花属）

特　性：叶片圆形，叶缘呈波浪状皱褶，新叶色浅，老叶色深，密集排列成莲座状，叶缘常会显现粉红色，叶面被薄白粉。茎随着生长而逐渐伸长。强光与温差大时，叶色深红；弱光下则叶色浅绿。夏季开花，花钟形，橘色。

 **养护技巧**

参照红稚莲。每1~2年换盆1次。

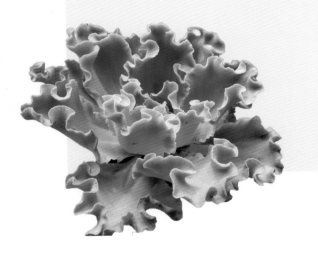

沙漠之星（景天科拟石莲花属）

....

特　　性：叶片匙形，边缘锯齿状小皱褶会泛红，有小叶尖，叶面上覆有薄粉。叶蓝紫色，密集排列成莲座状。强光与昼夜温差大时，株型变得紧凑，叶缘皱褶明显，易出现粉红色的锦。弱光时叶色黯淡。聚伞花序，花红色，倒钟形。

 养护技巧 ————

参照红稚莲。

祖园之舞（景天科拟石莲花属）

....

特　　性：夏型种。叶片倒卵形，有短尖，叶缘呈细褶状，浅黄绿色或粉红色，被白霜，密集排列成莲座状。强光与昼夜温差大时，皱褶的叶缘轻微泛紫红色，中间叶片出现嫩粉红色的锦。聚伞花序，花红色。

 养护技巧 ————

参照红稚莲。

晚霞
（景天科拟石莲花属）

....

特　性：园艺种。叶片又大又薄，较长，叶尖明显，淡紫红色，似晚霞，叶面光滑，有薄白霜，叶缘非常薄，有红边，叶片排列成莲座状。植株嫩茎不长侧芽，半木质茎才会萌发侧芽。老桩新叶生长在顶端，呈莲座状。充足光照和10℃以上温差时，配合水分供给，叶片会变得火红。

 养护技巧

参照红稚莲。

广寒宫
（景天科拟石莲花属）

....

特　性：夏型种。叶片又大又薄，长形，先端尖锐，被厚白粉，淡粉紫蓝色，叶缘淡红色。聚伞花序。

 养护技巧

参照红稚莲。

黑王子（景天科拟石莲花属）

....

特　性：叶茂盛，黑紫色，有光泽，叶端小尖明显，叶向内排列成莲座状。植株具短茎，易群生。光照越充足、昼夜温差越大，叶片色彩越黑亮。光不足时，叶片变绿色。强光与昼夜温差大时，中间叶片逐渐出现嫩黄红色的锦。聚伞花序，花红色或紫红色。

🌸 **养护技巧**

参照红稚莲。

圣诞冬云

（景天科拟石莲花属）

....

特　性：园艺种。叶片匙形，较直立，叶端三角形，较尖锐，表皮光滑，生长点端正，紧凑排列成莲座状。夏季叶面绿色，秋冬季日照充足时叶尖到叶缘、叶背渐变成红色，叶片转为黄绿色。春夏季节开花，穗状花序，花钟形，黄色。

🌸 **养护技巧**

参照红稚莲。

红蜡东云/红东云
（景天科拟石莲花属）

....

特　性：叶片绿色，肥厚，长椭圆形，直立向内稍弯，排列成莲座状，叶面稍内凹，背部稍隆起。光照充足、温差大时叶尖、叶缘紫红色，叶片上部会变成有蜡质感的淡粉红色至深红色。冬末春初开花，花茎自叶腋抽出，聚伞花序，花橙红色。

 **养护技巧**

参照红稚莲。

玉杯冬云（景天科拟石莲花属）

....

特　性：园艺种。叶片匙形，紧凑排列成莲座状，表皮淡绿色，光滑，叶质地较硬，肥厚直立，叶尖较圆润，叶面稍内凹，背部稍隆起。秋冬季，在光照充足条件下，叶尖、叶缘渐变成淡红色，最后全株变成红色。春夏季开花，总状花序，花倒钟形，黄色。

 养护技巧

参照红稚莲。

女雏
（景天科拟石莲花属）

∙∙∙∙∙∙∙∙∙∙

特　性：株型小巧，叶片长勺形，密集排列成莲座状。生长季节叶色翠绿，叶尖粉红，叶面被微白粉，老叶白粉掉落后呈光滑状。秋冬季叶尖、叶缘呈现鲜艳美丽的粉红色。充足日照、10℃以上、昼夜温差大时叶色会更艳丽粉嫩，株型会更紧凑美观。

 养护技巧

参照红稚莲。

露娜莲
（景天科拟石莲花属）

∙∙∙∙∙∙∙∙∙∙

特　性：夏型种。株型紧凑，叶片卵圆形，肉质叶厚，叶尖明显，被白粉，叶排列成莲座状。日照越充足，颜色越粉嫩，株型越紧凑。秋冬季增加日照时间，实行控水，可使叶片变厚，粉紫色更浓。冬末春初开花，总状花序，花倒钟状，橙红色。

 养护技巧

参照红稚莲。

大和锦/三角莲座草
（景天科拟石莲花属）

·········

特　性：叶肥厚，三角卵形，密集排列成莲座状，叶背面突起呈龙骨状，先端急尖。叶缘红色，叶面淡红褐色，有光泽。喜温暖，不耐寒。阳光充足、温差大时，叶片会变成红色，但忌夏季阳光暴晒。夏季开花，花红色。

 养护技巧 ——————

参照红稚莲。

锦晃星/茸毛掌（景天科拟石莲花属）

·········

特　性：植株具分枝，叶片轮状互生，肥厚，呈莲座状生于分枝上部。叶片日常为绿色，表面密被白色细短毛，在秋冬季冷凉天气和阳光充足的条件下，叶缘及叶片上部均呈深红色。早春开花，穗状花序，花钟形，有茸毛，橙红色至红色。

 养护技巧 ——————

参照红稚莲。

魅惑之宵/口红东云（景天科拟石莲花属）

特　性：叶质硬，叶片广卵形至散三角卵形，密集排列成莲座状，底座粗壮，叶面光滑，背面突起微呈龙骨状，叶片先端急尖，红色。叶色常年嫩绿色，光照足、昼夜温差大时，叶为黄绿色，叶尖、叶缘红色增多。簇状花序，花微黄。

 养护技巧

参照红稚莲。

乌木（景天科拟石莲花属）

特　性：叶质硬，密集排列成莲座状，叶面光滑，叶片先端急尖呈锋利三角状，绿色，叶缘及叶背上部在阳光充足时呈深棕色或黑棕色。光照不足，则叶色为浅嫩绿色，叶片也会拉长，叶缘深棕色边会减退。聚伞花序，腋生，花茎长。

 养护技巧

参照红稚莲。

小红衣（景天科拟石莲花属）
·········

特　性：植株冠幅较小，叶向中央弯拢。叶片密集轮生，排列成莲座状。叶片微扁卵形，先端圆润，末端钝尖，日常为绿色，出锦后株型紧凑，叶缘、叶背转为红色。与姬莲非常相似，叶片较前者薄一些，叶尖两侧有突出的薄翼。

 养护技巧

参照红稚莲。

月影
（景天科拟石莲花属）
·········

特　性：园艺种、夏型种。叶肉质，圆匙形，密集排列成莲座状，叶面内凹，背部隆起，叶片向中央微拢，蓝绿色，被较厚白霜，日照充足、温差大时，叶缘泛粉红色。

 养护技巧

参照红稚莲。

蒂比（TP）（景天科拟石莲花属）

·········

特　性：叶端三角形，冷凉季节叶尖容易泛胭脂红色。叶片紧密排列成莲座状，秋冬季株型紧凑，夏季容易摊开。变色对温差条件的要求较低，叶片颜色容易随季节不同而略有变换，从蓝绿色到粉紫色。春季开花，总状花序，花钟形，橙色。

 养护技巧

参照红稚莲。

红糖/太妃糖

（景天科拟石莲花属）

·········

特　性：园艺种。叶片卵形至披针形，排列成莲座状，两侧叶缘略向上包裹，叶前端渐尖，叶片肥厚，紫红色至紫黑色，叶缘白边明显。光照越充足、昼夜温差越大，叶片色彩越红亮。春末夏初开花，花梗长，总状花序，花钟形，红色。

 养护技巧

参照红稚莲。

红司/突叶红司

（景天科拟石莲花属）

· · · · · · · · ·

特　性：叶片排列成莲座状，具有奇特的红色花纹，边缘呈现红色，叶背有红色花纹或片状红色斑点。茎直立，圆柱形，光照充足时，株型更紧凑，颜色更浓。夏季开花，总状花序，花茎直立，花钟形，玫红色。

养护技巧

参照红稚莲。

红唇（景天科拟石莲花属）

· · · · · · · · ·

特　性：植株莲座状，叶片绿色，轮生，较厚，密布细毛，背面有龙骨线，叶尖、叶缘有红晕。昼夜温差越大、光照越充分，株型更紧凑，毛更突出，叶片色彩更红亮。夏季开花，花淡黄色。

养护技巧

参照红稚莲。

秀妍（景天科拟石莲花属）

· · · · · · · · · ·

特　性：叶片倒卵匙形，排列成莲座状，内侧新生叶排列常不规整，夏季为绿色，秋、冬、春季通为胭脂色，阳光充足、温差较大时，叶色会更红艳，色彩也更丰富。夏季开花，花淡黄色。

🌸 **养护技巧** ————

参照红稚莲。

蓝鸟

（景天科拟石莲花属）

· · · · · · · · · ·

特　性：夏型种。叶片蓝绿色，较厚实，排列成莲座状，叶面稍内凹，叶背突起，具明显的短叶尖。叶尖红色，被薄白粉。出锦后叶片泛粉红色并稍带紫色。冬春季开花，花茎从叶腋处抽出，花钟形。

 养护技巧 ————

参照红稚莲。

粉蓝鸟/厚叶蓝鸟

（景天科拟石莲花属）

....

特　性：园艺种。叶片淡蓝绿色，厚实，排列成莲座状，叶面稍内凹，被白粉，出锦后叶片泛粉红色并稍带紫色，叶尖易变红。光照越充足、昼夜温差越大，叶片色彩越红亮，株型更紧凑肥厚，叶片粉紫色更浓。冬季或春季开花，花茎从叶腋抽出，花钟形。

 养护技巧 ————

参照红稚莲。

碧桃/鸡蛋玉莲

（景天科拟石莲花属）

....

特　性：夏型种。叶轮生，肥厚宽大，倒卵形，绿色，略有白粉，充足光照、温差大的条件下叶缘泛红。叶片脆，易折断。

 养护技巧 ————

参照红稚莲。

菲欧娜/菲奥娜
（景天科拟石莲花属）

••••••••••

特　性：叶片肉质，蓝绿色，具明显的短叶尖，叶背稍隆起，有龙脊线，并略有白粉涂层，排列成莲座状。阳光充足时，叶色艳丽，株型更紧实美观。出锦后，叶片呈紫色或浅紫色。春季开花，花粉红色或黄色。

 养护技巧

参照红稚莲。

克拉拉 （景天科拟石莲花属）

••••••••••

特　性：园艺种、夏型种。叶片匙形，先端呈弧线形，具短叶尖，紧密排列成莲座状。叶片绿色，老叶泛橙色，叶上有粉，温差大、光照充足时，叶片渐变成淡粉紫色。春季紫红色花茎2~3条自叶腋抽出。总状花序，花钟形，橙红色或橙黄色。易群生。

 养护技巧

参照红稚莲。

玫瑰莲
（景天科拟石莲花属）

....

特　　性：园艺种。植株具短柄茎。叶片匙形，顶端有小尖，被茸毛，排列成莲座状。温差大时叶边和叶背变粉红色，植株紧凑似玫瑰。春末夏初开花，聚伞花序，花钟形，橙黄色。

 养护技巧

参照红稚莲。

雨燕座（景天科拟石莲花属）

....

特　　性：夏型种。叶片细长，蓝绿色，排列成莲座状。春秋生长季节给足光照叶片容易出红缘，秋冬季昼夜温差大的情况下，红边会越发耀眼美丽。易群生。春季开花，花梗自叶腋抽出，花钟形，亮黄色。

 养护技巧

参照红稚莲。

莎莎女王
（景天科拟石莲花属）

• • • • • • • • •

特　性：叶片圆匙形，厚实，覆有薄粉，浅绿色，排列成莲座状。春秋季在充分光照下株型较紧凑，叶片厚而圆润，叶色粉嫩，红边发淡。夏季高温期有短暂休眠，叶片红边易褪去，整株会泛绿。

 养护技巧

参照红稚莲。

酥皮鸭
（景天科拟石莲花属）

• • • • • • • • •

特　性：叶片细小，短剑形，叶盘莲座状，前端呈明显三角形，叶面光滑，叶背有1条棱。春秋季生长季节在充分光照下株型较紧凑，叶片厚，具亮绿色红边。光照不足时，株型松散，叶片稀疏，红边消失，叶色暗绿。

 养护技巧

参照红稚莲。

小蓝衣
（景天科拟石莲花属）

特　性：叶片环生，蓝绿色，肥厚，被粉，叶尖有不太密集的长茸毛。光照不足时，叶片会微扁且拉长，在温差大和强光下，在室外养护更容易出锦，叶缘、叶背泛淡红色，最后叶片变成紫红色，但易晒伤。春末夏初开花，聚伞花序，花钟形，红色或橙红色。

 **养护技巧**

参照红稚莲。

蜡牡丹（景天科拟石莲花属）

特　性：叶轮生，卵圆形，绿色，叶厚而圆润，叶端钝尖，叶面内凹，紧密排列成莲座状，组成的叶盘似牡丹花。随着秋冬季节温差加大，叶转为黄色至红色并有红缘，具蜡质光泽。春季开花，聚伞花序，花浅红色。

 **养护技巧**

参照红稚莲。

蓝苹果/蓝精灵
（景天科拟石莲花属）

特　性： 夏型种。叶片长卵形，肉质饱满，排列成莲座状，叶尖有桃红色，叶背有龙骨线。叶色随季节变化明显，夏季高温时呈蓝绿色，秋冬季温差大、光照足时，叶尖、叶背有大面积的红晕。春末夏初开花，聚伞花序，花黄色。

养护技巧

参照红稚莲。

红宝石（景天科拟石莲花属）

特　性： 园艺种。叶片匙形，轮生，排列成莲座状，叶缘红色，远看如一块绚丽的红宝石。叶面光滑无霜，叶端稍尖，叶色较为丰富，随季节、温差变化而变化，有蓝绿色、紫色、漂亮的果冻色等。春季开花，聚伞花序，花黄色。

养护技巧

参照红稚莲。

巧克力方砖
（景天科拟石莲花属）

....

特　性：叶片长匙状，排列成莲座状，紫褐色，似巧克力。植株叶面光滑，无白粉，有光泽，不容易积水。

🌼 **养护技巧** ————

参照红稚莲。

紫罗兰女王 （景天科拟石莲花属）

....

特　性：园艺种。叶片长匙形，紧密排列成莲座状，叶肉质，浅蓝绿色，被白粉，叶尖微红，非常漂亮。春末夏初开花，穗状花序，花钟形，橙色。

🌼 **养护技巧** ————

参照红稚莲。

宝莉安娜（景天科拟石莲花属）

....

特　　性：园艺种。叶片匙形，排列成莲座状，叶端尖锐，表面光滑，有光泽，常年绿色或翠绿色，在充足阳光下会轻微泛黄，叶尖和叶背有红晕，当温差加大时红色变得更加浓重，显得格外靓丽。春季开花，花茎自叶腋间抽出，总状花序，花钟形，黄色或红色。

 **养护技巧**

参照红稚莲。

黑门煞/黑门萨

（景天科拟石莲花属）

....

特　　性：园艺种、夏型种。叶片长梭形，密集排列成莲座状，微微向叶心弯曲，叶片蓝绿色，叶尖前端三角形，在光照充足、温差较大的环境中，叶呈黑紫红色。叶面光滑，无白粉，不容易积水。春末夏初开花，总状花序，花倒钟形，橙黄色。

 养护技巧

参照红稚莲。

黑爪 （景天科拟石莲花属）

特　性：叶片卵形至长卵形，略厚，蓝紫色，具独特的爪状叶尖，叶尖黑红色，有软刺，表面覆盖蓝白色的蜡质粉末。春末夏初开花，聚伞花序，花钟形，橙红色。

 养护技巧

参照红稚莲。

红爪/野玫瑰之精
（景天科拟石莲花属）

特　性：园艺种、冬型种。叶片卵形至长卵形，略厚，排列成莲座状，叶顶端具红色爪刺。春末夏初开花，聚伞花序，花钟形，橙红色。红爪和黑爪形态相似，但红爪的叶较宽，叶色更绿，粉末较黑爪薄。

 养护技巧

参照红稚莲。

圣露易斯
（景天科拟石莲花属）

....

特　性：叶片宽匙形，蓝绿色，紧密排列成莲座状，叶片向内稍弯曲，具短叶尖，在较大温差和充足光照的条件下，叶缘呈粉红色。

 养护技巧

参照红稚莲。

桃太郎
（景天科拟石莲花属）

....

特　性：园艺种、夏型种。叶片绿色，叶面有一层薄白粉，叶背前端较易从中部开始泛红，直至叶尖完全为红色。桃太郎容易与吉娃娃混淆，吉娃娃的叶尖红色，叶缘不会变红，而桃太郎在光照充足的条件下，整株叶片会变红。

 养护技巧

参照红稚莲。

冰莓（景天科拟石莲花属）

· · · · · · · · ·

特　性：夏型种。叶片匙形，排列成莲座状，生长于较短的茎上。叶片顶端有小尖，叶表有白粉，色彩粉嫩，秋季会变成桃红色，叶边有透明感。聚伞花序，花紫红色或红色。

 养护技巧 ————

参照红稚莲。

玉蝶/石莲花（景天科拟石莲花属）

· · · · · · · · ·

特　性：叶片短圆匙形，稍薄，互生，呈莲座状着生于短缩茎上。叶片先端圆，有小尖，向中间聚拢，犹如一朵盛开的绿色莲花。叶色浅绿色到蓝绿色，叶面被白粉，叶尖、叶缘在充足的光照下会泛红。春末夏初开花，花期长，从叶腋中抽生穗状花序，花钟形，淡黄色。

养护技巧 ————

参照红稚莲。

芙蓉雪莲（景天科拟石莲花属）

············

特　　性：园艺种。叶片匙形，表面被厚白粉，蓝白色，日照充足、温差增大后叶片白里透粉，叶尖、叶缘泛粉红色，有清水出芙蓉之感，最后整株会转变为粉红色。花钟形，黄色。

 养护技巧 ——————

参照红稚莲。

初恋（景天科拟石莲花属）

············

特　　性：园艺种、夏型种。叶片匙形，前端呈三角形，蜡质，粉红色，被白色薄霜粉。在不同光照条件下，叶片外形差异很大，随季节变化呈现灰绿色、橙黄色、粉红色。春夏季开花，聚伞花序，花钟形，浅黄色。

 **养护技巧** ——————

参照红稚莲。

白牡丹
（景天科拟石莲花属）

....

特　性：园艺种、冬型种。叶倒卵形，互生，紧密排列成莲座状，叶端有小尖，叶背突起，似龙骨突。叶片表皮绿色或蓝色，有淡淡的白粉，秋冬季节温差加大时叶片会泛红。冬春季开花，聚伞花序，花铃形，浅红色。

 养护技巧

参照红稚莲。

吉娃莲/吉娃娃
（景天科拟石莲花属）

....

特　性：叶片绿色，卵形，较厚，被浓厚的白粉，叶尖完全为红色，特别美丽。春夏季开花，聚伞花序，先端弯曲，花钟状，红色。

 养护技巧

参照红稚莲。

白凤
（景天科拟石莲花属）

特　性：园艺种、夏型种。叶片匙形，排列莲座状，叶片一般为浅绿色或浅蓝色，有一层细细的白粉。秋季开花，聚伞花序自叶腋伸出，花钟形，橘红色。

 养护技巧

参照红稚莲。

霜之潮（景天科拟石莲花属）

特　性：园艺种、夏型种。叶片肥厚，梭形，表面有一层天然的白色厚霜粉，使植株呈现淡蓝色。叶背有棱线，叶片向叶心轻微弯曲。夏季开花，聚伞花序，花钟形，粉红色。

 养护技巧

参照红稚莲。

鲁氏石莲花（景天科拟石莲花属）

特　性：叶片匙形，密集排列成莲座状，叶缘光滑、无褶皱，有小叶尖，新叶色浅，老叶色深。秋冬季昼夜温差大或冬季低温期叶缘变粉红色，弱光下叶色为浅粉蓝色。叶面上覆有微白粉，老叶白粉掉落后呈光滑状。聚伞花序，花钟形，黄红色。

 养护技巧

参照红稚莲。

静夜
（景天科拟石莲花属）

特　性：叶片倒卵形或楔形，具短尖，淡绿色，表面被白霜，叶缘和叶尖通常泛红。叶片颜色变化不大，不会因为光照和温度发生变化，日照充分时叶尖会变红。初夏开花，聚伞花序，花钟形，黄色。

 养护技巧

参照红稚莲。

丽娜莲

（景天科拟石莲花属）

....

特　性：夏型种。叶片卵圆形，肉质，紧密排列成莲座状。叶顶端有小尖，叶面中间向内凹，带有浅粉色。叶片呈现出美丽的紫粉色，并呈明显波折状。春季开花，花梗长，聚伞花序，花红粉色，倒钟形。

 养护技巧

参照红稚莲。

花月夜

（景天科拟石莲花属）

....

特　性：叶片匙形，肥厚，蓝绿色，叶尖圆，排列成莲座状。冬季低温与全日照条件下，叶片尖端与叶缘易转成红色。春季开花，圆锥花序，花铃形，黄色。

 养护技巧

参照红稚莲。

苯巴蒂斯/苯巴
（景天科拟石莲花属）

特　性：园艺种、夏型种。叶片短匙形，肥厚，叶背龙骨明显，叶尖容易变红。叶片在一般状态时为浅绿色，但是出锦后往往从叶尖、叶缘、叶背龙骨处变红，使叶色变得有层次感。春末夏初开花，花橙色，钟形。

 养护技巧

参照红稚莲。

紫心/粉色回忆（景天科拟石莲花属）

特　性：叶片密集，圆滑平顺，卵形，浅绿色、粉紫色、红紫色。茎半木质化，直立、斜生或匍匐，老桩下部叶逐渐掉落，新叶在茎的顶端排列成莲座状。易群生、爆盆，可制作垂吊盆景。

 养护技巧

参照红稚莲。

丹妮尔（景天科拟石莲花属）

· · · · · · · · · ·

特　性：园艺种。叶片匙形，排列成莲座状，叶绿色，叶面被细短的茸毛，叶背龙骨明显。在日照充足、温差大的寒冷季节，老叶容易泛红，紫红的色泽从叶尖、龙骨、叶缘部位晕染开来。春季开花，聚伞花序，花钟形，橙黄色。

 养护技巧

参照红稚莲。

梦露（景天科拟石莲花属）

· · · · · · · · · ·

特　性：园艺种。叶形和雪莲相似，长匙形，叶片肥厚饱满，向心微拢，叶尖极短，叶面稍内凹。叶蓝绿色，略被一层白粉，在温差较大、光照充足的环境中，叶片呈粉红色并稍带紫色调。

 **养护技巧**

参照红稚莲。

胜者骑兵/新圣骑兵
（景天科拟石莲花属）

特　性：叶片直立、狭长，排列成莲座状。叶端有长而尖锐的红尖并向植株中心内勾。叶绿色，出锦后泛红色至深红色，先端颜色较深。春季开花，花茎细长。和其他景天科品种相比，植株不易徒长。

 养护技巧

参照红稚莲。

棱镜
（景天科拟石莲花属）
....

特　性：叶片长卵形、略厚，叶背略呈圆弧状突起，有棱线，叶前端急尖，叶粉青色。温差大、光照足时，株型包裹，叶片肥厚，叶尖向内勾，叶尖与外围叶背易变红色。春末夏初开花，聚伞花序，花钟形，橙色。易群生。

 **养护技巧**

参照红稚莲。

雪莲（景天科拟石莲花属）
....

特　性：叶片圆匙形，排列成莲座状，肥厚，顶端圆钝或稍尖，被浓厚白色霜粉，在阳光充足的环境下会呈现出浅粉色或粉紫色。春夏季开花，穗状花序，花橘红色。

 养护技巧

参照红稚莲。

黑法师/紫叶莲花掌

（景天科莲花掌属）

特　性：叶片平整，层叠排列成莲座状，易生成多头。在阳光充足、通风良好的环境下，叶片生长变成紫黑色。日照不足时，叶片生长点附近容易变成绿色；长期光照不足，全株叶片会变绿色。总状花序，花黄色。开花后植株枯死，因此发现花苞要立即剪掉。

 养护技巧

日照｜生长季节要尽量给足光照。盛夏要将植株放在半阴环境，避免强光直射，注意通风。植株具较强向光性，生长期要定期转动盆栽。

温度｜喜冷凉干爽环境，在夜间温度达到20℃以下时，开始快速生长。怕高温，盛夏高温多湿的环境下进入休眠状态，停止生长。

水分｜十分耐旱，无论冬夏都不宜浇水过多。

土壤｜盆土宜用透气、松软的基质。

繁殖｜扦插。

莲花掌（景天科莲花掌属）

特　性：茎粗壮。叶蓝灰色，倒卵形，先端圆钝，近平截形。在充足的光照下，株型紧凑，叶片颜色翠绿、鲜艳。冬季气温较低时，叶片边缘会呈现红褐色。夏季开花，聚伞花序，花黄色。

 养护技巧

参照黑法师/紫叶莲花掌。

明镜（景天科莲花掌属）

特　性：植株低矮扁平。叶片无柄，匙形，组成莲座状叶盘，叶色草绿，叶缘有白色纤毛。叶片全部由中心水平向周围辐射生长，使整个叶盘平齐如镜，没有一丝空隙。圆锥花序顶生，花黄色。开花后整株死亡，所以发现花苞要立即剪掉。

 养护技巧

参照黑法师/紫叶莲花掌。

鸡蛋山地玫瑰
（景天科莲花掌属）

·············

特　性：植株体型大，莲座状，叶片绿色到黄绿色，圆形、倒卵形，紧密排列成杯状或玫瑰状，顶端圆形。圆锥花序。植株开花后会死亡。

 养护技巧 ────

参照黑法师/紫叶莲花掌。

山地玫瑰
（景天科莲花掌属）

·············

特　性：叶片灰绿色到黄绿色，长倒卵形或匙形，紧密排列成杯状或玫瑰状，顶端尖圆形。总状花序，花黄色。开花后母株会死亡，但其基部会有小芽长出。

 养护技巧 ────

参照黑法师/紫叶莲花掌。

艳日辉/清盛锦
（景天科莲花掌属）

∙∙∙∙∙∙∙∙∙∙

特　性：基生叶排列成莲座状。叶片卵形，先端微尖，叶缘密生缘毛，新叶淡黄色。叶片夏季几乎完全为深绿色，秋冬季在充足光照下，叶缘会呈现橘红色至桃红色。圆锥花序，花茎长，花白色，钟形。

 养护技巧 ————

参照黑法师/紫叶莲花掌。

玉龙观音
（景天科莲花掌属）

∙∙∙∙∙∙∙∙∙∙

特　性：叶片长卵形，有香味。植株可以长得很大，茎直立，绿色，底部叶片易掉落，容易形成老桩。

 养护技巧

参照黑法师/紫叶莲花掌。

黑法师原始种
（景天科莲花掌属）

· · · · · · · · ·

特　性：叶片始终绿色，短宽匙形，在茎端和分枝顶端集成紧凑莲座状叶盘。叶片颜色不会因为日照增多而变化。在夏季高温时底部叶片会干枯脱落，中心叶片会慢慢呈玫瑰状。

 养护技巧 ————————

参照黑法师/紫叶莲花掌。

万圣节/红心法师（景天科莲花掌属）

· · · · · · · · ·

特　性：茎直立生长，易分枝。叶片短宽匙形，较薄，略有弧度，在茎端和分枝顶端集成莲座状叶盘。叶前端圆形，具短尖，叶缘具纤毛。叶绿色，叶尖、叶缘易泛红，会因日照增多而变色。

 养护技巧 ————————

参照黑法师/紫叶莲花掌。

赤兔城（景天科青锁龙属）

· · · · · · · · · ·

特　性：叶片长窄，对生且紧密排列在枝干上。新叶绿色，老叶褐色或暗褐色，温差大的季节整个植株叶片呈现紫红色。花较小，白色。植株与火祭/秋火莲类似。

 养护技巧

日照｜喜阳光充足环境，光照越充足，昼夜温差越大，叶色越鲜艳，最好放在室外养护。

温度｜冷凉季生长，夏季高温休眠，忌闷热潮湿，夏天需通风遮阴。

水分｜耐干旱，浇水掌握"不干不浇，浇则浇透"原则，雨季注意排水，冬季5℃以下时要慢慢断水。

土壤｜盆土宜用疏松、透气、排水良好的基质。

繁殖｜砍头扦插、叶插。

火祭/秋火莲（景天科青锁龙属）

特　性：植株丛生，肉质叶交互对生，排列紧密，整株呈四棱状。光照越充足，昼夜温差越大，叶片色彩越鲜艳。聚伞花序，花黄白色。

 养护技巧

参照赤鬼城。

星乙女/钱串

（景天科青锁龙属）

特　性：冬型种。叶片交互对生，卵圆状三角形，无叶柄，基部连在一起，新叶上下叠生。植株丛生，具小分枝。肉质叶灰绿色至浅绿色，叶缘稍具红色，在晚秋至早春冷凉季节，阳光充足、昼夜温差较大时，表现得更为明显。4—5月开花，花白色。

 养护技巧

参照赤鬼城。

十字星锦/星乙女锦（景天科青锁龙属）

....

特　性：冬型种。叶片交互对生，卵状三角形，无叶柄，基部连在一起。新叶上下叠生，成叶上下有少许间隔。植株丛生，有分枝。较喜阳，延长日照时间和增大温差，叶片会变得十分紧凑，并且整株颜色会变红。花米黄色。

 养护技巧

参照赤鬼城。

若歌诗（景天科青锁龙属）

....

特　性：茎干直立，易丛生，茎细柱状，淡绿色。叶片对生，肥厚饱满，覆盖有细细的茸毛。在阳光充足、低温的条件下，叶片会变成橙红色。春末开花，聚伞花序，花球状，黄色。

 养护技巧

参照赤鬼城。

星王子（景天科青锁龙属）

特　性：冬型种。叶片交互对生，无柄，密集排列成4列。叶片心形或长三角形，基部大，逐渐变小，顶端最小，接近尖形。肉质叶灰绿色至浅绿色，叶片呈现黄色或红色的锦，叶面有绿色斑点。温差大时，叶缘会稍具红色。5—6月开花，花米黄色。

 养护技巧

参照赤鬼城。

筒叶花月/吸财树

（景天科青锁龙属）

特　性：夏型种。植株呈多分枝状。叶筒状，互生，密集簇状生长，顶端斜的截面呈椭圆形，向内凹陷，叶色翠绿，有蜡般光泽。秋季开花，花星状、白色。主要生长期在春季、初夏及秋季，怕水涝，夏季宜放在通风凉爽、光线明亮且无直射光地方。

 **养护技巧**

参照赤鬼城。

落日之雁／三色花月殿
（景天科青锁龙属）

••••••••••

特　性：对生叶内弯，像鸟翅，故称落日之雁，是花月的斑锦变异品种。叶带短尖，叶色绿中带黄白色斑块，叶缘红色。新叶的黄色斑块较多，以后随着植株的生长，叶片上的黄色斑纹逐渐减退，直至消失。肉质茎圆形，较粗。花白色或淡红色。

养护技巧 ——

参照赤鬼城。

茜之塔（景天科青锁龙属）

••••••••••

特　性：冬型种。叶片心形或长三角形，无柄，对生，密集排列成4列，基部大，逐渐变小，顶端最小，接近尖形。在冬季和早春冷凉季节或在阳光充足的条件下，叶片红褐色或褐色，叶缘有白色角质层。秋季开花，聚伞花序，花白色。

养护技巧 ——

参照赤鬼城。

小球玫瑰/龙血景天
（景天科景天属）

特　性：春秋型种。植株低矮，匍匐状生长，易群生。叶片玫瑰状。茎叶在秋冬季呈紫红色。春、秋季为生长季节，保持充足阳光，可令其颜色更加鲜艳，生长更健康。可半阴栽培，但叶片排列会较松散。夏季轻度休眠。秋冬季开花，伞状花序，花星状，粉红色。

 养护技巧

日照｜喜阳光充足环境，可以全日照。冬季要将其放在阳光充足的窗台或阳台养护，不能放在遮阴过度的场所。但夏季暴晒会造成叶片日灼，可适当遮阴。

温度｜喜温暖干燥环境，耐贫瘠、耐寒能力强。

水分｜耐旱。春秋季比其他多肉更加喜好水分，在基质表面完全干燥后浇水，每7~10天浇1次。夏季高温时植株处于半休眠状态，生长缓慢，可放在通风处，并减少浇水次数，尽量保持基质干燥，可在适当的时候微微给水在根部。

土壤｜盆土宜用疏松、透气、排水良好的基质。

繁殖｜扦插。

佛甲草/万年草
（景天科景天属）

....

特　性：叶片线形，三叶轮生，松软无毛，先端钝尖，基部无柄。适应性强，可以露天栽培。对日照需求大，在阳光充足的地方，其叶片为黄绿色。若移置稍阴暗的地方，叶片会变成较深的绿色。4—5月开花，聚伞花序，顶生，花黄色。

球松/小松绿
（景天科景天属）

....

特　性：植株矮小，多分枝，但分枝很短。叶片一簇簇聚生在枝头前端，近似小球状，葱郁苍翠。半日照条件下能生长，但叶片排列会较松散。怕热耐寒，属于夏季休眠品种。聚伞花序，花黄色，星状。

 养护技巧

参照小球玫瑰/龙血景天。

 养护技巧

参照小球玫瑰/龙血景天。

薄雪万年草/矶小松
（景天科景天属）

特　性：叶棒状，密集生长于茎端，表面覆有白色蜡粉，平常以绿色为主，日照时间增加且温差大时，整株变为粉红色。肉质茎较脆，很容易断，换盆时应避免把较长的枝条弄断。春末夏初开花，花五瓣星形，粉红色。

 养护技巧

参照小球玫瑰/龙血景天。

姬星美人（景天科景天属）

特　性：叶倒卵圆形，膨大互生，日常为蓝绿色，延长日照时间与增大温差会渐变为粉红色，有清香。春季开花，花淡粉白色。

 养护技巧

参照小球玫瑰/龙血景天。

千佛手/王玉珠帘（景天科景天属）

特　性：园艺种、冬型种。叶日常为绿色，在日照时间延长及温差较大的情况下，整株转变为粉红色。聚伞花序，花星状，黄色，多在春夏季开放。几乎全年都在生长。

 养护技巧

参照小球玫瑰/龙血景天。

八千代（景天科景天属）

特　性：冬型种。叶棒状，钝圆，簇生在茎枝顶端，较为光滑，灰绿色，在生长季节或强烈的阳光下，叶先端呈红色。老株或植株生长不良时，茎下部叶易脱落或萎缩，并有很多气生根出现。穗状花序，花黄色。如在长期缺少阳光照射的条件下，整株会变成绿色。

 **养护技巧**

参照小球玫瑰/龙血景天。

乙女心
（景天科景天属）

特　性：冬型种。叶片长圆形，翠绿色至粉红色，密集排列在枝干的顶端。新叶色浅，老叶色深。强光与昼夜温差大或冬季低温期，叶色慢慢变红，但很少整株变色。弱光条件下，则叶色浅绿或墨绿，叶片拉长。春季开花，花星状，黄白色。

 养护技巧

参照小球玫瑰/龙血景天。

虹之玉/耳坠草
（景天科景天属）

· · · · · · · · · ·

特　性：春秋型种。叶片长圆形，密集排列在枝干的
顶端，近似莲座状，叶片肥厚，先端平滑钝圆，叶面
光滑，亮绿色，秋冬季转为淡紫红色。夏季开花，聚伞
花序，花星状，黄白色。

 养护技巧

参照小球玫瑰/龙血景天。

丸叶松绿（景天科景天属）

· · · · · · · · · ·

特　性：冬型种。叶片如豆丸，表面光
滑，翠绿色，油光发亮，易长茎。光照充
足时，叶先端和叶缘为亮红色。长期缺少
阳光时，整株会变成绿色。秋季开花，花
黄白色，有香味。

 养护技巧

参照小球玫瑰/龙血景天。

珊瑚珠/锦珠（景天科景天属）

· · · · · · · · · ·

特　性：冬型种。叶卵形，交互对生，生有细毛，绿色，在光照充足和温差大的条件下，会变紫红色或红褐色，并有光泽，外观像小珠子。秋季开花，聚伞花序，花星状，白色，花梗较长，成串开放。

 养护技巧

参照小球玫瑰/龙血景天。

黄丽/宝石花
（景天科景天属）

· · · · · · · · · ·

特　性：冬型种。叶片匙形，紧密排列成莲座状，顶端有小尖头，蜡质，金黄色。花期夏季，聚伞花序，花黄色，星形。容易徒长，尤其是在夏季，应注意控水和加强通风。

养护技巧

参照小球玫瑰/龙血景天。

天使之泪/美人之泪
（景天科景天属）

·········

特　性：叶光滑圆润，纺锤形，环生，顶端叶片紧凑排列，覆有一层薄白粉，老叶白粉掉落。叶片肥厚，翠绿色至嫩黄绿色。茎干细小，易形成木质化枝干。春末夏初开花，花黄色，钟形，有香味。

 养护技巧

参照小球玫瑰/龙血景天。

新玉缀/新玉坠
（景天科景天属）

·········

特　性：叶短圆形，绿色，叶表被白粉，密集生长形成一条穗状螺旋叶柱。前期茎短时，植株直立生长，后期茎伸长后匍匐生长。夏季开花，花星状。

 养护技巧

参照小球玫瑰/龙血景天。

铭月（景天科景天属）

·········

特　性：外形与黄丽相似，但叶片更长。叶片先端稍尖，多分枝，茎直立，强光下叶片生长致密。叶片颜色根据光照强弱由绿色变黄色至橘黄色，光照不足时绿色会比较暗淡，且叶片间距拉长。春夏季开花。聚伞花序，花白色。

 养护技巧

参照小球玫瑰/龙血景天。

月兔耳（景天科伽蓝菜属）

· · · · · · · · · ·

特　性：冬型种。叶长梭形，对生，蓝绿色，边缘锯齿
状明显，叶片及茎干表面密布茸毛，质感柔软，像兔子
的耳朵，灰白色，阳光充足时叶边缘会出现褐色斑纹。
春季开花，聚伞花序，花钟状，黄绿色。

 养护技巧

日照｜喜阳光充足环境，夏季要适当遮阴，但不能过于荫蔽。

温度｜晚秋到早春生长旺盛。冬季温度不能低于10℃，在盆土干燥的情况下，能
　　　耐-2℃左右的低温。夏季温度超过35℃时植株进入休眠状态。

水分｜耐旱，喜欢温暖干燥的环境。进入3月后，浇水以"见干见湿"为原则。夏季
　　　要加强通风，防止因盆土过度潮湿引起根部腐烂。

土壤｜盆土宜用疏松、透气、排水良好的基质。

繁殖｜叶插、扦插、分株。

黑兔耳（景天科伽蓝菜属）

特　性：叶片形态与月兔耳基本相同，习性也非常相近。叶被茸毛，像兔子的耳朵，灰白色，叶缘褐色边线间有深褐色斑点，易分枝。叶片会随着日照时间增多而变黑，这是与月兔耳的最大区别。阳光充足时，株型矮壮，叶片紧凑。光照不足时，植株容易徒长，株型松散，茎变得很脆弱，叶片也会拉长，颜色也会变淡。春季开花，聚伞花序，花钟状，黄绿色。

 养护技巧

参照月兔耳。

长寿花/圣诞伽蓝菜（景天科伽蓝菜属）

特　性：单叶对生，椭圆形，叶缘具钝齿，叶片厚，翠绿色，有光泽。在常规栽培条件下，临近圣诞节开花，聚伞花序，花有绯红色、桃红色、橙红色、黄色、橙黄色和白色等。短日照植物，每天光照8~9小时，处理3~4周即可现蕾开花。

 养护技巧

参照月兔耳。

泰迪熊兔耳（景天科伽蓝菜属）

....

特　性：夏型种。叶片短肥浑厚，外缘锯齿状，深褐色或咖啡色。阳光充足条件下，株型矮壮，叶片紧凑。和其他家族相比，泰迪熊兔耳需要更干燥、更通风的环境，冬季在盆土干燥的情况下能耐-2℃的低温。

 养护技巧

参照月兔耳。

福兔耳（景天科伽蓝菜属）

....

特　性：叶片长梭形，对生，中心叶白色。叶片及茎干密布凌乱茸毛，像兔子的耳朵，灰白色。叶片顶端微金黄，叶尖圆形，阳光充足时叶尖会出现褐色斑纹。初夏开花，聚伞花序，花序较高，小花管状向上，白粉色，花期较长。

 养护技巧

参照月兔耳。

千兔耳 （景天科伽蓝菜属）

特　性：夏型种。叶片表面有一层软茸毛，摸起来很有手感，对生叶，锯齿状。缺少光照时，叶片会变成绿色并且慢慢往下塌，但不影响生长，几乎全年都在生长。叶片可随日照增强由绿变白，可直晒，耐热，但要通风。花钟状，白色。花期长。

 养护技巧

参照月兔耳。

大叶落地生根/宽叶不死鸟

（景天科伽蓝菜属）

特　性：夏型种。叶片肥厚多汁，绿色，长三角卵状，下部叶片较大，常抱茎，叶缘长出整齐的不定芽。夏季开花，复聚伞花序顶生，花钟形，橙色。

 养护技巧

参照月兔耳。

棒叶不死鸟（景天科伽蓝菜属）

....

特　性：夏型种。叶片圆棒状，对生，叶尖有不规则的锯齿，其缺口处长有小植株状的不定芽。茎直立，圆柱状，光滑无毛，中空。圆锥花序，顶生，花钟形，橙色。

 养护技巧 ——————————

参照月兔耳。

玉吊钟/蝴蝶之舞（景天科伽蓝菜属）

....

特　性：夏型种。叶片卵形至长圆形，对生，叶缘有一圈粉紫色。全株有明显白霜，分枝较密。肉质叶扁平，边缘有齿，叶蓝绿色或灰绿色，有非常漂亮的锦斑，极富变化，日常为绿白色，日照充足、温差较大的情况下整株会变为粉红色。聚伞花序，花红色或橙红色。

 养护技巧 ——————————

参照月兔耳。

卷叶不死鸟（景天科伽蓝菜属）

特　性：夏型种。叶片剑形，对生，叶面深绿色，叶背有深紫色虎皮花纹。叶缘有不规则的锯齿。圆锥状花序顶生，花钟形，橙色。

 **养护技巧**

参照月兔耳。

江户紫/斑点伽蓝菜
（景天科伽蓝菜属）

特　性：叶片倒卵形，肉质，交互对生，无柄，叶缘有不规则的波状齿，蓝灰色至灰绿色，被有一层薄薄的白粉，表面有红褐色至紫褐色斑点或晕纹。通常在基部分枝，茎圆柱形，直立生长。聚伞花序，花窄管状，白色、粉红色或黄色。

养护技巧

参照月兔耳。

唐印
（景天科伽蓝菜属）

特　性：夏型种。叶片倒卵形，对生，排列紧密，先端钝圆。叶色淡绿色或黄绿色，被有较厚白色粉末。秋末至零年初春的冷凉季节，在阳光充足的条件下，叶缘呈红色。春季开花，聚伞圆锥花序，花筒形，黄色。

养护技巧

参照月兔耳。

观音莲（景天科长生草属）

··········

特　性：叶片肉质，匙形，顶端尖，排列成莲座状。叶
色依品种的不同，有灰绿色、深绿色、黄绿色、红褐色
等，叶尖既有绿色，也有红色或紫色，叶缘具细密的锯
齿。发育良好的植株在大莲座下面会着生一圈小莲座。
花红色。

 养护技巧

日照｜喜阳光充足和干燥的环境。

温度｜比较耐寒，不耐高温及霜冻，在夏季高温和冬季霜冻时停止生长。

水分｜生长期浇水应掌握"见干见湿"原则。夏季休眠期一定要控制水分，
　　　并放在通风好的地方进行管理。

土壤｜盆土宜用疏松、透气、排水良好的基质。

繁殖｜叶插、扦插、分株。

山长生草
（景天科长生草属）
....

特　性：叶片蜡质，边缘有小茸毛，紧凑排列成莲座状。聚伞圆锥花序，花红色、白色、黄色等，夏季开花。喜欢通风良好、光照充足的环境，缺少光照时叶片呈绿色，往下翻，长时间缺少光照时植株容易死亡，日照增加时叶片转变为紫红色。

 养护技巧 ————

参照观音莲。

紫牡丹（景天科长生草属）
....

特　性：冬型种。叶片蜡质，嫩绿色，老叶紫色，边缘有小茸毛，叶厚，排列成莲座状。聚伞圆锥花序，花红色、白色、黄色等。喜欢通风良好、光照充足的环境。冬季夜间温度不低于5℃时，植株能继续生长。

蛛丝卷绢
（景天科长生草属）
....

特　性：叶片呈扁平竹片形，顶端稍尖。特征是叶片尖有白色的丝，种植时间长，白丝会相互缠绕，似蛛网，因而得名。

 **养护技巧** ————

参照观音莲。

 **养护技巧** ————

参照观音莲。

红卷绢（景天科长生草属）

特　性：叶片肉质，排列成莲座状，叶绿色，在冷凉且阳光充足的条件下，叶背呈紫红色，尖端微向内侧弯，叶端密生白色短丝毛。聚伞花序，花淡粉红色。

 养护技巧

参照观音莲。

橘球/指尖海棠（景天科长生草属）

特　性：叶片红色，肉质，排列成球形莲座状，尖端微向内弯，叶端尖。夏季开花，聚伞花序，花淡粉红色。

 养护技巧

参照观音莲。

熊童子（景天科银波锦属）

特　性：植株多分枝，呈小灌木状。肥厚的肉质叶交互对生，叶表绿色，密被白色茸毛，叶端具爪状缺刻，在阳光充足的环境下，爪状缺刻会呈现红褐色，似小熊脚掌。夏末至秋季开花，总状花序，花筒状，黄色。

 养护技巧

日照｜喜全日照，日照时间增多、温差增大时叶尖、叶缘变红。

温度｜生长适温15~25℃，冬季温度要求5℃以上，夏季休眠期要通风降温，避免烈日暴晒。

水分｜怕水涝，对水的需求较少。春秋生长季节浇水干透浇透，一般每月1~2次。夏季温度超过35℃时，植株生长基本停滞，应减少浇水并需遮阴，防止因盆土过度潮湿引起根部腐烂。冬季保持盆土稍干燥。

土壤｜盆土宜用疏松、透气、排水良好的基质。

繁殖｜扦插、分株。

熊童子白锦（景天科银波锦属）

········

特　性：熊童子的变异品种。植株呈多
分枝的矮小灌木状，老茎深褐色，幼枝
灰色。叶卵形，肥厚多肉的叶片交互对
生，淡绿色，顶部的叶缘具缺刻。叶片
表面密生白色的细短茸毛，叶尖有几个
小爪在强光下会变红，似熊爪。总状花
序，花微红色。

 **养护技巧**

参照熊童子。

福娘（景天科银波锦属）

········

特　性：叶片倒棒状，对生，叶面上覆盖着一层白色
的粉末，叶尖、叶缘暗红色或褐红色。叶形较美，
叶色比较特别，日照时间增多叶边会变红。夏秋季开
花，花管状，黄红色。

 **养护技巧**

参照熊童子。

城市玩多肉
——超萌种养宝典

乒乓福娘（景天科银波锦属）

· · · · · · · · · ·

特　　性：福娘的栽培变种。叶片扁卵状，对生，叶面有一层白粉，强光下叶片的顶端边缘较红。初夏开花，聚伞圆锥花序，花序较高，花管状，橙红色。阳光充足时株型矮壮，叶片之间排列紧凑。

 养护技巧

参照熊童子。

达摩福娘/丸叶福娘
（景天科银波锦属）

· · · · · · · · · ·

特　　性：夏型种。叶片小巧，椭圆形，淡绿色或嫩黄色，被有白粉，叶尖突出，容易变红。生长较快，容易从叶片的叶腋间长出新的侧芽。生长能力强，易群生，茎干也较容易木质化，前期能直立生长，后期会形成老桩，通常会匍匐向下生长。夏初开花，花钟形，红色，有特殊香味。

 养护技巧

参照熊童子。

棒叶福娘（景天科银波锦属）

· · · · · · · · · ·

特　　性：夏型种，是福娘的栽培变种。叶片扁棒状，对生，灰绿色，上面覆盖白粉。夏初开花，聚伞花序，小花管状，橙红色。阳光充足时株型矮壮，叶片之间排列紧凑。

 养护技巧

参照熊童子。

子持莲华（景天科瓦松属）

．．．．．．．．．

特　性：夏型种。叶紫灰色，椭圆形，全缘，无毛，具白粉，呈玫瑰花状排列。茎纤细，叶腋生，长出子株。夏季开花，聚伞花序顶生，花星状，白色，开花后植株会死亡。为防止单生植株因开花而死亡，可以在花芽萌发阶段将其剪除。

🌸 养护技巧

日照│喜光照，尤其是在生长期，最好是全天日照，而在冬季休眠期则要进行遮阴。

温度│耐高温，但不耐寒，冬季温度低于5℃时要逐渐断水。

水分│浇水要在基质干透时进行，不干时不浇水。

土壤│盆土宜用疏松、透气、排水良好的基质。

繁殖│扦插。

瓦松（景天科瓦松属）

·········

特　性：夏型种。叶片披针形，扁而长，顶端硬尖，生长期绿色，秋冬季变红色。越冬植株和夏株形态上有明显差异，冬季叶片变短，为莲座状肉质叶。夏秋季开花，总状花序，花白色、红色或黄色，开花后整株死亡。

 养护技巧 ————

参照子持莲华。

青凤凰（景天科瓦松属）

··········

特　性：叶片剑形，排列成莲座状。叶片表面有淡淡的白粉，日常绿色。夏秋季开花，同其他瓦松植物一样，开花时叶盘向上抽出花序，开花后通常母株会死亡。为了不让植株死亡，可以在开花初期去除花穗。

 养护技巧 ————

参照子持莲华。

灯美人（景天科厚叶草属）

特　性：园艺种。叶片长椭圆形，在茎的顶端排列成莲座状，肉质叶肥厚饱满，叶正面较平整，叶背呈圆弧状突起，被白粉，温差较大、阳光充足时，呈暗红色。紫红色的花茎自叶腋抽出，小花星形，粉红色，在冬季或春季盛开。

 养护技巧

日照｜喜光照充足，可全日照，可以露天养护，春秋冬季能接受较强烈的日照。叶片肥厚，散热缓慢，非常容易造成叶片晒伤。

温度｜在冷凉的气候条件下生长良好，生长适温为18~25℃。夏季休眠不明显，高温的时候要注意适当遮阴，加强通风。不耐寒，冬季注意保温。

水分｜耐旱，不喜欢潮湿。春秋季是主要生长期，要保持盆土湿润而不积水，每月浇水1~2次，在盆边少量给水，浇水时注意避免淋到叶片。夏季高温期间需要做好控水工作。

土壤｜盆土宜用疏松、透气、排水良好的基质。

繁殖｜扦插、叶插，以叶插为好。

桃美人（景天科厚叶草属）

特　性：园艺种、冬型种。叶片倒卵形，互生，排列成延长的
莲座状，叶片肥厚，特别像桃子，茎短，肉质叶具多浆薄壁组
织，先端平滑、钝圆，被白霜粉。能接受较强烈的日照，日照
充足时，叶片会呈现粉红色。冬春季开花，花穗从叶腋抽出，
花钟形，红色。

 养护技巧

参照灯美人。

星美人/白美人（景天科厚叶草属）

特　性：叶片珠圆玉润，倒卵球形，具直立的
短茎，肉质叶互生，排列成莲座状，先端圆
钝，无柄，叶面有白粉霜，叶片淡蓝色，有紫
红色晕，叶腋能生长出小枝，构成小型莲座
状。花序较矮，花朵密集，花倒钟形，串状排
列，粉红色，春季开放。

 养护技巧

参照灯美人。

月美人（景天科厚叶草属）

· · · · · · · · · ·

特　性：园艺种。叶片椭圆形，互生，松散排列成莲座状，肉质叶具多浆薄壁组织，先端平滑、钝圆。春、秋、冬季光照充足，株型更紧凑，叶形更肥圆，粉紫色更浓郁。如光照不足，叶片较扁薄，颜色偏白灰。春末夏初开花，花序腋生，花钟形，红色。

 养护技巧 ——————————

参照灯美人。

胖美人（景天科厚叶草属）

· · · · · · · · · ·

特　性：株型较大。叶片长椭圆形，密集排列成莲座状，叶片蓝绿色，被白粉，具短叶尖，叶片横向向内弯曲，叶背面有明显或较明显的柱线。

 养护技巧 ——————————

参照灯美人。

鸡蛋美人（景天科厚叶草属）

特　性：叶片浑圆肥厚，长椭圆形，似鸡蛋，叶表覆有较厚的白霜，随环境不同可呈现灰紫色、灰白色、粉红色等。花序长，花朵外花瓣浅黄色，内花瓣中部有紫红色的斑点。

 养护技巧

参照灯美人。

婴儿手指（景天科厚叶草属）

特　性：园艺种。叶片长卵圆形，排列成紧密的辐射状，叶片肥厚，前端与叶基渐尖，叶灰白色、绿色到紫红色。出锦后叶粉紫色，如婴儿手指。春末夏初开花，蝎尾状花序腋生，花钟形，紫红色。

 养护技巧

参照灯美人。

青星美人/青美人
（景天科厚叶草属）

• • • • • • • • • •

特　性：园艺种。
叶片肥厚，长匙
形，叶缘圆弧状，
有叶尖，叶片光
滑，微被白粉，叶
蓝绿色。阳光充足
时，叶片紧密排
列，边缘和叶尖会
发红；弱光下则

叶色浅绿，叶片变得窄且长，叶片间
的间距会拉长。夏季开花，开花时抽
生出长长的花梗，簇状花序，依次开
放，花红色，钟形。

 养护技巧

参照灯美人。

红美人
（景天科厚叶草属）

• • • • • • • • • •

特　性：叶片光滑，叶色翠绿，
叶尖端三角形，有粗短茎，叶片
细长，肥厚，匙形，疏散排列成
近似莲座状。夏季开花，花梗
长，簇状花序，依次开放，花红
色，钟形。

 养护技巧

参照灯美人。

三日月美人（景天科厚叶草属）

特　性：叶片匙形，细长，疏散排列，有短茎，叶尖在光照下容易发红，叶缘圆弧状，有叶尖，叶片光滑，微被白粉，叶色翠绿。夏季开花，花梗长，簇状花序，依次开放，花红色，钟形。

 养护技巧

参照灯美人。

黑美人（景天科厚叶草属）

特　性：叶片肥厚，细长，匙形，疏散排列成莲座状，叶尖明显，叶片光滑，被薄白粉，紫黑色。冬季开花，开花时叶腋抽生出长长的花梗，簇状花序，依次开放，花红色，钟形。

 养护技巧

参照灯美人。

冬美人/东美人（景天科厚叶草属）

· · · · · · · · · ·

特　性：冬美人相较桃美人、星美人等品种，叶片稍薄和长一些，叶前端稍尖。阳光充足时，叶片紧密排列，叶片顶端和叶心呈淡粉红色，弱光时则呈浅灰绿色，且叶片变得窄而长，叶片间的间距会拉长。簇状花序，初夏开花，花倒钟形、红色。叶片随日照时间延长和温差增大而转变为粉色，冬美人比较容易形成老桩。

 养护技巧

参照灯美人。

兰黛莲/蓝黛莲（景天科厚叶草属）

· · · · · · · · · ·

特　性：叶片略扁，排列成莲座状。叶蓝绿色，阳光充足时叶尖转变为红色。对日照需求较多，缺少日照叶片会变绿、松散，充足的日照可以使叶片看起来更加饱满。在春秋季露天栽培，在温差大的条件下整株会变成红色。

 养护技巧

参照灯美人。

千代田之松（景天科厚叶草属）

特　性： 叶片长圆状纺锤形，互生，排列成放射状，尖端部分略有棱，被薄白霜，呈现一些不规则的白色棱线。叶片颜色多变，一般是绿色，出锦时叶尖会变红。春季开花，花茎从叶腋中抽出，小花钟形，淡紫红色。

 养护技巧

参照灯美人。

布丁（景天科厚叶草属）

特　性： 叶片匙形，细长，排列成放射形莲座状，叶缘圆弧状，有叶尖，叶片光滑，被白粉，颜色多变，出锦时则变为紫红色或粉红色。春季开花，从花茎叶腋抽出，花钟形。

 养护技巧

参照灯美人。

瑞安娜（景天科厚叶草属）

特　性： 叶片肥厚，匙形，排列成莲座状，叶缘圆弧状，有叶尖，正面平滑内凹，叶片光滑，被白粉，颜色多变，出锦时则变为紫红色或粉红色。春季开花，花茎由叶腋中抽出，花钟形。

 养护技巧

参照灯美人。

秋丽（景天科风车草属）

特　性：园艺种。叶片较肥厚、细长，正面平滑、微下凹，背面明显突起似龙骨状，顶端钝圆。叶片日常呈绿色，日照增多、温差增大时整株可呈现出粉色、紫色、红色、橙色、黄色等。聚伞花序，花期春季，花黄色、星形。

 养护技巧

日照｜喜充足的光照，光照不足时会徒长。

温度｜冬夏两季气温过高（高于35℃）或过低（低于5℃）时停止生长，这时候要减少或停止浇水，变凉爽、温暖之后再恢复浇水。夏季高温时注意通风，防止长时间暴晒，以免晒伤。

水分｜不可浇水太多、太频繁或积水。

土壤｜盆土宜用排水良好的基质。

繁殖｜分株、扦插。

桃蛋/桃之卵（景天科风车草属）

. . . .

特　性：叶片卵状，轮生，紧密排列成放射状，叶片
肉质丰满圆润，带有淡紫色、粉红色和绿色的色调，
表面带有霜粉。新长的叶片为粉紫色，随着叶片的变
老，会慢慢变为绿色。花红色或橙色，有明显条纹。
日照充足时，卵状叶片会呈现出令人沉醉的粉红色，
如同熟透的桃子一般，因此得名。

 养护技巧 ————————

参照秋丽。

艾伦（景天科风车草属）

. . . .

特　性：园艺种。叶片肥厚圆润，在枝顶排列
成莲座状。叶片在不同生长时期呈三角形、圆
卵形、扁圆形等，叶片微尖，一般呈青绿色。
茎直立或斜生，粗壮。在光照充足且温差较大
的情况下，植株变为粉红色。艾伦株型与桃蛋
比较相似，但艾伦叶有尖，桃蛋叶更圆，粉红
色更浓。

 养护技巧 ————————

参照秋丽。

姬秋丽（景天科风车草属）

· · · · · · · · · ·

特　性：夏型种。植株小巧可爱，叶片肉质厚实，叶长2 cm左右，呈椭圆形，轮生，排列成莲座状。叶片绿色，被轻微的白粉，光照充足、温差较大时，常显黄绿色、粉红色或橘红色，有金属光泽。花期春季，星状小花白色或黄色。

 养护技巧

参照秋丽。

丸叶姬秋丽（景天科风车草属）

· · · · · · · · · ·

特　性：叶片肥厚，卵形，叶正面较平整，轮生，排列成莲座状，叶背三角状突起，叶前端三角形。叶片饱满圆润，夏季多呈绿色，秋季日照充足时，叶片会出现粉色，被轻微的白蜡，有金属光泽。聚伞花序，春末夏初开花，小花星形，花白色。丸叶姬秋丽和姬秋丽的区别主要在叶片上，丸叶姬秋丽的叶片更加圆润饱满。

 养护技巧

参照秋丽。

胧月（景天科风车草属）

特　性： 叶片倒卵形，淡紫色或黄绿色，略带紫色晕，表面被白粉，皮厚，有光泽，在光照不足的情况下呈绿色。聚伞花序，花星形，白色，3—4月间盛开。光照不足时易徒长。耐干旱，忌阴湿，但若长期缺水会造成叶片干瘪，充分浇水后即可恢复。

 养护技巧

参照秋丽。

黛比

（景天科风车草属）

特　性： 园艺种。叶片长匙形，轮生，排列成莲座状，叶前端斜尖，呈三角形，肉质厚实，被轻微的白粉，全年呈现粉紫色。穗状花序，春末开花，花钟形，橙色到紫色。夏季休眠并不明显。生长非常迅速。

 **养护技巧**

参照秋丽。

紫乐（景天科风车草属）
• • • • • • • • • •

特　性：与华丽风车相似，但亦有不同。紫乐的叶肉厚实些，叶片坚挺，稍微向上。紫乐会在叶片出现深紫色或不均匀的色彩，华丽风车则紫色中带红色。

华丽风车（景天科风车草属）
• • • • • • • •

特　性：园艺种。叶片长卵形，平向生长，水平排列成莲座状，有叶尖，叶缘圆弧状。叶片肥厚、光滑，有白粉，粉色至紫粉色。初夏开花，簇状花序，花茎长，花星形，白色。

 养护技巧

参照秋丽。

 养护技巧

参照秋丽。

113

姫胧月（景天科风车草属）

· · · · · · · · ·

特　性：叶片瓜子形，排列成延长的莲座状。平时为绿色，被白粉，日照充足时叶色为紫红色带褐色。缺少光照时，植株会变成绿色，长日照时，整株会变成红色。开黄色小花，花瓣被蜡，星状。

 养护技巧

参照秋丽。

蓝豆（景天科风车草属）

· · · · · · · · ·

特　性：叶片长圆形，环状对生，先端微尖，覆盖有白粉。叶色在强光与昼夜温差大或冬季低温时，会变成蓝白色，叶尖常呈微红褐色。弱光下叶呈浅蓝色，叶片窄且长，枝条易徒长。簇状花序，花红白相间。

 养护技巧

参照秋丽。

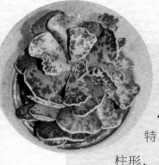

锦铃殿（景天科天锦章属）

....

特　性：小型多肉。叶基段几乎为圆
柱形，上部扁平，顶端叶缘有波浪形皱纹，
近卵圆形，叶背面圆凸，正面较平，表皮无
毛，有光泽，叶色灰绿，具暗紫色斑点。花
序高25 cm，花圆柱形，紫色。

 养护技巧

日照｜喜阳光充足环境。半阴处也能正常生长，过于荫蔽则生长
　　　不良。夏季容易被阳光灼伤。

温度｜忌闷热潮湿，夏季高温时休眠或基本停止生长，冬季温度
　　　7℃以上可正常生长。

水分｜怕水涝，比较耐干旱。浇水应掌握"见干见湿"原则。春
　　　秋季保持土壤适度湿润，夏季和冬季减少浇水。

土壤｜盆土宜用疏松和大颗粒的基质。

繁殖｜叶插、扦插。

梅花鹿（景天科天锦章属）

特　性：冬型种。叶片长圆锥形，互生排列。叶片肥厚，无柄，先端圆尖，密布暗白色点，整个叶片分布着红色的暗斑。叶色为绿色至黄绿色，多年群生后非常壮观，充足阳光可使株型更紧实美观。5—7月开花，总状花序，花较小。

 养护技巧

参照锦铃殿。

姬梅花鹿水泡
（景天科天锦章属）

特　性：叶片肥厚，长卵形，互生排列。叶无柄，先端尖三角形，密布暗白色点，整个叶片分布着紫红色的暗斑点。叶面正中有凹痕，密布微小疣突。叶为绿色至黄绿色，多年群生后非常壮观。总状花序，花较小。

 养护技巧

参照锦铃殿。

神想曲（景天科天锦章属）

特　性：叶片细长，扁平，绿色，叶前端圆钝并略有波纹。茎部粗短，生有许多毛状气生根。个体外形变化多，有叶缘较白、斑纹较明显或茎部气生根不发达的植株。夏季休眠不明显，应注意通风控水。

 养护技巧

参照锦铃殿。

Chapter 4
番杏科多肉家族

鹿角海棠（番杏科鹿角海棠属）

特　性：肉质灌木。叶片半月形，三棱状，交互对生，对生叶位于基部，合生，叶端稍狭窄，粉蓝绿色。老枝灰褐色，分枝处有节间。秋冬季进入生长旺盛期，冬季阳光充足、昼夜温差大时进入开花期。花白色或粉红色。温度保持在15~20℃时，开花不断。

 养护技巧

日照|较喜欢日照，夏季宜放置半阴处养护，同时减少浇水次数。

温度|喜温暖干燥环境，不耐寒，冬季温度最好不低于15℃。

水分|耐干旱。缺水时叶片会折起。夏季呈半休眠状态时要注意保持盆土不过分干燥。

土壤|盆土宜用排水良好、疏松、透气性强的基质。

繁殖|扦插。

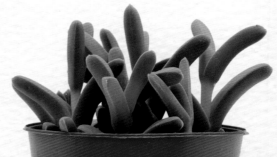

生石花（番杏科生石花属）

....

特　性：肉质叶形似倒圆锥体，对生，有蓝灰色、灰绿色、灰褐色等。生长奇特，有脱皮现象。在栽培条件较好的情况下，成年植株每次脱皮后会长出2个新株。花由顶部中间的小缝隙长出，黄色或白色。一株通常只开1朵花，易结果实和种子。

 养护技巧

日照｜忌强光，喜阳光充足环境。

温度｜喜冬暖夏凉的气候，怕低温，有夏季高温休眠的习性，冬季温度要求10℃以上。

水分｜春秋季生长季节对水分需求较多，夏季与冬季可完全断水。

土壤｜盆土以疏松的石沙土为宜。

繁殖｜播种。

帝 玉
（番杏科对叶花属）

特　性：植株无茎，肉质卵形叶交互对生，基部
联合，整个株型似元宝。叶外缘钝圆，背面突
起，灰绿色，有许多透明的小斑点。新叶长出
后老叶慢慢皱缩，但有时一对老叶中叠生两对
小叶，形成三对叶共存的现象。春季开花，花期
长，花单生，具短梗，雏菊状，橙黄色。

 养护技巧

日照｜忌强光，喜阳光充足环境。

温度｜喜冬暖夏凉的气候，怕低温，有夏季高温休眠的习性，
　　　冬季温度要求10℃以上。

水分｜生长期浇水应掌握"见干见湿"原则，夏季与冬季可
　　　完全断水。

土壤｜盆土宜用排水良好、疏松、透气性强的沙质壤土。

繁殖｜播种。

五十铃玉（番杏科棒叶花属）

· · · · · · · · · ·

特　性：植株密集成丛，茎极短或无茎，根部与叶基部连接处木质化。叶片淡绿色，棍棒状，顶端增粗呈浑圆状，基部稍呈红色，叶顶端透明，表面覆有蜡质。夏秋季开花，花白色或淡黄色，雏菊状。

 养护技巧 ———————————

日照｜特别喜欢日照，可全日照，但忌长时间暴晒。

温度｜喜温暖、干燥的环境，耐高温，不耐寒，夏季休眠。

水分｜对水分特别敏感，容易涝死，夏季高温期与冬季低温期必须完全断水。

土壤｜盆土宜用排水良好、疏松、透气性强的沙质壤土。

繁殖｜分株、播种。

快刀乱麻（番杏科快刀乱麻属）

········

特　性：肉质灌木，株高20~30 cm。茎
有短节，多分枝。叶集中在分枝顶端，鹿
角状，对生，细长而侧扁，先端两裂，外
侧圆弧状，好似一把刀。叶淡绿色至灰绿
色。花茎长，花色鲜艳，黄色。

 养护技巧

日照｜夏季高温时，植株处于休眠状态，要适当遮阴，避
　　　免暴晒，控制浇水，加强通风。在闷热潮湿的环境
　　　中植株易腐烂，故栽培环境不能过于荫蔽，否则植
　　　株易徒长，不健壮。

温度｜冬季放置室内阳光充足处养护，可耐5℃的低温。

水分｜春季、初夏和秋季是植株的生长期，要经常浇水，
　　　保持土壤湿润而不积水，每15~20天施一次极淡的
　　　腐熟液肥。

土壤｜盆土宜用松软透气的颗粒微碱性基质。

繁殖｜扦插、播种。

怒涛
（番杏科肉黄菊属）
•••••••••

特　性：肉质叶长三角形，交互对生，先端呈菱形。叶深绿色，叶缘具倒须状肉齿，肉齿先端有白色纤毛。秋冬季开黄花。

 养护技巧

日照｜喜阳光充足环境。耐半阴，春秋季生长期需要充足的光照，夏季高温要适当遮阴，加强通风，冬季可持续生长，宜放置室内阳光充足处养护。

温度｜喜温暖而忌酷暑、严寒，夏季休眠，生长适温为15~25℃，冬季不低于10℃。

水分｜耐干旱，容易被涝死，切忌大水。夏季要控制浇水。春季、初夏和秋季是植株的生长期，要保持基质湿润而不积水。

土壤｜盆土宜用排水良好、疏松、透气性强的沙质壤土。

繁殖｜以分株为主，最好在春秋季进行。

美波/四海波（番杏科肉黄菊属）
•••••••••

特　性：植株密集丛生，叶形、叶色较美，肉质叶十字交互对生，基部联合，先端三角形。叶缘和叶背龙骨突表皮硬膜化，大部分叶面有倒钩状肉齿，叶缘有肉质粗纤毛。花大，无柄，秋季开黄花。

 **养护技巧**

参照怒涛。

碧玉莲/碧鱼莲
（番杏科刺番杏属）

....

特　性：茎直立或匍匐，对生叶
的基部相连并围绕茎。叶片短
小，肥厚，肉质，略被白粉，叶
缘和叶背有半透明纹路，叶尖和
叶缘在阳光充足的环境中会泛紫
红色。初春开花，花粉红色或紫
红色。

 养护技巧

日照｜夏季植株休眠时，注意遮阴，放在通风的环境，以雾状给水
　　　为佳。

温度｜生长适温为25℃左右，最低不可低于10℃。

水分｜夏季休眠期要特别注意控制浇水。

土壤｜盆土宜用质地疏松、排水良好的沙质壤土。

繁殖｜扦插。

Chapter 5

百合科超萌多肉

圆头玉露 (百合科十二卷属)

特　性：植株生长缓慢，多年生，初为单生，以后逐渐呈群生状。叶片长圆形，排列成放射状。叶片肥厚饱满，翠绿色，叶尖带有白色茸毛，上半段呈透明或半透明状，称为"窗"，有深色的线状脉纹，在阳光较为充足的条件下，脉纹为褐色，叶顶端有细小的"须"。总状花序，花白色。

 养护技巧

日照 | 喜半阴环境，需要明亮的散射光线。夏季高温时，长时间暴晒叶片易晒伤，光线过强叶片会变成灰色。冬季可以给予充足的光照。

温度 | 喜凉爽湿润环境。夏季高温时植株呈休眠或半休眠状态，应适当遮阴，闷热夏天夜晚要加强通风。冬季温度需维持在10℃以上。

水分 | 耐干旱，怕积水，浇水以"见干见湿"为原则，可等到叶片微干瘪时再浇水。

土壤 | 不宜露天种植，基质以疏松的石沙颗粒土为主。

繁殖 | 分株、叶插、播种。

京之华（百合科十二卷属）

特　性：植株矮小，单生或丛生，叶片大多数排列成莲座状，前段偏三角形，叶表平展，叶背中间有一条纵向的突起龙骨。对日照需求不多，喜欢明亮的光线，但对直射阳光较敏感。总状花序，漏斗状，小花白绿色。

 养护技巧

参照圆头玉露。

蝉翼玉露（百合科十二卷属）

特　性：植株矮小，小型品种。肉质叶排列成莲座状。植株晶莹剔透，有着蝉翼一样的纹路，顶端有透明的窗，在阳光充足的条件下脉络呈现褐色，叶顶有"须"。

 养护技巧

参照圆头玉露。

樱水晶（百合科十二卷属）

特　性：叶片晶莹剔透，肉质叶排列成紧凑的莲座状。叶片肥厚饱满，翠绿色，上半段呈透明或半透明状，有深色的线状脉纹，在阳光较为充足的条件下，其脉纹为褐色。

 养护技巧

参照圆头玉露。

条纹十二卷/锦鸡尾
（百合科十二卷属）

特　性：植株矮小，单生或丛生，叶片尖长，排列成莲座状。总状花序，花白绿色。

 养护技巧

参照圆头玉露。

草玉露（百合科十二卷属）

. . . .

特　性：植株小窗晶莹剔透，叶片翠绿、肥厚，叶尖有一根细长的纤毛。叶片围绕一个中心点生长，整个植株往叶心合拢。春季开花。对直射阳光较敏感，日照过多会变为灰色。

 养护技巧

参照圆头玉露。

白斑玉露/水晶白玉露

（百合科十二卷属）

. . . .

特　性：株高4~5 cm。肉质叶排列成莲座状。叶顶端角锥状，半透明，碧绿色间镶嵌乳白色斑纹，顶端有细小的"须"。春秋季为生长季节，夏季高温时进入半休眠状态。耐干旱，忌潮湿，对水分需求不多，怕积水。夏秋季开花，花序较高，花白色。

 养护技巧

参照圆头玉露。

姬玉露（百合科十二卷属）

．．．．．．．．．

特　性：株高3~4 cm。叶片高度肉质，紧凑排列成莲座状，肥厚柔软，两侧圆凸，先端肥大呈圆头状。叶片翠绿色，上半段呈透明或半透明状"窗"，其表面有蓝绿色线状脉纹，叶尖有细小的丝状须。总状花序，花白色，夏季开花。

 养护技巧

参照圆头玉露。

玉扇（百合科十二卷属）

．．．．．．．．．

特　性：植株无茎。肉质叶对生，排成两列，呈扇形，直立，稍向内弯，顶部略凹陷。叶表粗糙，绿色至暗绿褐色，有小疣状突起，新叶的截面部分透明，呈灰白色。喜温暖干燥和充足柔和的阳光，耐半阴。光照不足，株型会松散。夏季休眠，怕高温和强光直射。总状花序，花筒状，白色。根长，宜用较深的花盆。

 养护技巧

参照圆头玉露。

琉璃殿（百合科十二卷属）

• • • • • • • • •

特　性：叶片三角形，叶缘内卷，叶背有白色
条纹，呈顺时针螺旋状排列。对日照需求不
大，日照时间增长，叶片会渐变为红色。小苗
对水分需求不多，根系生长健壮的成株可多浇
水。夏季生长缓慢或休眠，怕高温和强光直
射，切忌暴晒。

 养护技巧————

参照圆头玉露。

大型玉露

（百合科十二卷属）

• • • • • • • • •

特　性：叶面通透晶莹，脉
络线条优美，还未完全长开的植
株就已经较大，所以被人们叫作大型玉露。对
于光线非常敏感，切忌阳光暴晒，光照过多叶
片呈灰褐色。光照不足容易造成株型松散，叶
片瘦长。

 **养护技巧**————

参照圆头玉露。

康平寿（百合科十二卷属）

· · · · · · · · ·

特　性：植株无茎。叶片半圆柱形，排列成莲座状，叶肥厚，深绿色或褐绿色，顶端呈水平三角形，叶缘有细齿。花茎细长，花白色，筒状。较喜欢日照。夏季高温时植株生长缓慢或停止。耐旱，不耐水湿。

 养护技巧

参照圆头玉露。

青蟹寿

（百合科十二卷属）

· · · · · · · · ·

特　性：植株无茎。叶片半圆柱形，排列成莲座状，叶肥厚，深绿色或褐绿色，顶端呈三角形，有明显的纹理和突起通透的疣点。花细长，白色，筒状。夏季高温时植株生长缓慢或停止。

 养护技巧

参照圆头玉露。

西山寿（百合科十二卷属）

特　性：植株无茎。叶肥厚饱满，排列成莲座状，深绿色或褐绿色，上半部呈凸三角形，顶面光滑，窗呈透明或半透明状，有灰白色至淡绿色直脉纹，无白点，强光下叶脉会晒至微红。春夏季开花，总状花序，花灰白色，筒状。

 养护技巧

参照圆头玉露。

冰河寿（百合科十二卷属）

特　性：植株无茎。叶肥厚饱满，排列成莲座状，深绿色或褐绿色，上半部呈凸三角形，无白点，强光下叶脉会晒至微红。春夏季开花，花从两叶的中缝开出，花黄色，花冠较大，花瓣较窄且长。喜欢充足而柔和的光照，耐半阴。

 养护技巧

参照圆头玉露。

芷寿（百合科十二卷属）

特　性：植株无茎。叶肥厚饱满，排列成莲座状，上半部呈凸三角形，叶色浓绿色至墨绿色，叶基部褐绿色，顶面光滑，窗形规整，窗面通透，但花纹古典，纹路稳定。喜欢充足而柔和的光照，耐半阴，耐旱。

 养护技巧

参照圆头玉露。

静鼓寿（百合科十二卷属）

特　性：植株无茎。叶肥厚饱满，不规则轮生，叶端微向外，扁长，嫩绿色。喜欢充足而柔和的光照，耐半阴。耐旱。生长适温为15~25℃，夏季高温时植株生长缓慢或休眠。

 **养护技巧**

参照圆头玉露。

九轮塔/霜百合
（百合科十二卷属）

特　性：茎直立生长，叶片肥厚，先端向内侧弯曲，整个植株呈柱状，叶背有成行排列、突起的白色纹理。叶通常呈深绿色，在阳光下会慢慢变成紫红色。春季开花，总状花序，花管状，淡粉白色。

 养护技巧

参照圆头玉露。

鹰爪/虎纹鹰爪
（百合科十二卷属）

特　性：叶似鹰爪，细长，硬质，深绿色，叶表有颗粒白斑，一行行分布，叶片略呈螺旋状排列成莲座状。秋末或春初开花，总状花序从叶腋间抽生，花梗细长，花白色、筒状。

鹰爪和条纹十二卷的区别：鹰爪的叶片更短，形态上是向内螺旋包裹，条纹十二卷叶片则是放射性向外生长，鹰爪的白斑点状排列，而条纹十二卷是条状排列。

 养护技巧

参照圆头玉露。

宝草/水晶掌（百合科十二卷属）

特　性：植株矮小，株高一般5～6cm。叶互生，长圆形或匙状，紧密排列成莲座状，肉质肥厚，生于极短的茎上。叶翠绿色，叶肉半透明，叶面有8～12条暗褐色条纹或中间有褐色、青色的斑块，叶缘粉红色，有细锯齿。总状花序顶生，花极小。

 养护技巧

参照圆头玉露。

短叶虎尾兰（百合科虎尾兰属）

············

特　性：叶片短而宽，回旋重叠，基生，直立，硬革质，有白绿色、绿色相间的横带斑纹，边缘绿色。总状花序，花淡绿色或白色。

 养护技巧

日照｜喜阳光充足环境。盛夏高温季节需稍加遮阴并喷雾。

温度｜喜温暖，不耐寒，冬季要求温度不低于10℃。

水分｜喜湿润，耐干旱，忌积水和雨涝，冬季要严格控制浇水。水分过多和低温时，叶片发黄，甚至死亡。

土壤｜盆土宜用肥沃、排水良好的沙壤土。一般栽培3~4年后需换盆更新。

繁殖｜分株、叶插。

金边短叶虎尾兰（百合科虎尾兰属）

．．．．．．．．．
特　　性：叶片短而宽，回旋重叠，基生，直立，硬革质，有白绿色、绿色相间的横带斑纹，边缘金黄色。总状花序，花淡绿色或白色。

 养护技巧

参照短叶虎尾兰。

圆叶虎尾兰/筒叶虎尾兰
（百合科虎尾兰属）

．．．．．．．．．
特　　性：叶肉质，呈细圆棒状，顶端尖细，质硬，直立生长，叶长80~100 cm，直径3 cm，表面暗绿色，有横向的灰绿色虎纹斑。总状花序，花白色或淡粉色。圆叶虎尾兰叶形似羊角，非常有趣，适合布置厅堂，小株也可供家庭盆栽。

 养护技巧

参照短叶虎尾兰。

子宝/元宝花

（百合科沙鱼掌属）

· · · · · · · · · ·

特　性：植株形似元宝，易群生。叶片
较厚，内部肉质，舌状，叶面光滑，绿
色，带有白色斑点。花茎由叶舌基部伸
出。花较小，大多为红绿色，冬季至翌
年春季开花。

 养护技巧

日照 | 喜通风良好、半阴环境。春秋两季为生长旺盛期，可置于光线明亮处
　　　养护，夏季忌暴晒。

温度 | 耐热，也耐寒，冬季只要避免霜害即可，能耐3~5℃的低温。

水分 | 对水分需求不多，较耐旱，喜欢空气湿润的环境。浇水应掌握"见干
　　　见湿"原则，多浇容易烂根。

土壤 | 盆土宜用疏松、肥沃、排水、透气性比较好的基质。

繁殖 | 分株。

卧牛（百合科沙鱼掌属）

....

特　性：沙鱼掌属中最具代表性的品种。幼株叶片两列叠生，
外形似牛舌，厚且质硬，排列紧密，叶面具有许多小疣突，叶
色暗绿。总状花序，无分枝，花小，筒状，基部粉红色，
花被尖端绿色。

 养护技巧

参照子宝/元宝花。

照姬（百合科沙鱼掌属）

....

特　性：无茎或茎极短，叶片长三角形，肉质，初为两列叠生，以
后呈莲座状排列，叶背面隆起呈圆形，正面的叶缘向内卷曲呈"U"
形。浓绿色的叶片上布满了白色斑点，叶缘有颗粒状白色
角质层。冬季和早春开花，松散的总状花序由叶丛中
心抽出，花筒形，橙红色，自下而上陆续开放。

 养护技巧

参照子宝/元宝花。

琉璃姬孔雀/羽生锦

（百合科芦荟属）

∙∙∙∙∙∙∙∙∙

特　性：夏型种。无茎，具细根。肉质叶剑形，密集丛生，排列成莲座状。深绿色的叶缘密布着明亮的白色毛状刺，在干燥条件下叶变红色，每片叶有一个顶端刺和白色的边缘齿状物。夏季开花，总状花序顶生，花筒状，橙色。

 养护技巧

日照｜喜阳光充足，一般放在阳光不能直接晒到而有散射光的地方。也可短期阴养，光照不足会使叶色暗淡，甚至造成植株瘦弱松散。

温度｜生长适温为20~30℃，耐热，也耐寒，冬季只要避免霜害即可。

水分｜耐干旱，最怕积水，生长期春到秋季土壤保持半湿润即可。冬季要减少浇水，保持土壤干燥。

土壤｜盆土宜用肥沃、排水性良好的基质。

繁殖｜播种、分株或扦插。

翡翠殿 （百合科芦荟属）

· · · · · · · · · ·

特　性：茎初直立后匍匐。叶三角形，螺旋状互生，于茎顶部排列成较紧密的莲座叶盘，表面凹，背面圆凸，先端急尖，淡绿色至黄绿色，光线过强时呈褐绿色。叶缘有白色的齿，叶面和叶背都有不规则形的白色星点，时而连合成线状。夏季开花，总状花序，花橙黄色至橙红色。三裂蒴果小，形状奇特。

 养护技巧

参照琉璃姬孔雀/羽生锦。

不夜城芦荟
（百合科芦荟属）

· · · · · · · · · ·

特　性：植株单生或丛生。叶披针形，幼苗期呈两向互生排列，成年后为轮状互生。叶片肥厚多肉，叶缘有淡黄色锯齿状肉刺，绿色，叶面及叶背有散生的淡黄色肉质突起。冬末至早春开花，总状花序从叶丛上部抽出，花筒形，橙红色。

 养护技巧

参照琉璃姬孔雀/羽生锦。

雪花芦荟（百合科芦荟属）

....

特　性：夏型种。叶片上有大量白色斑点，像美丽的雪花，因此人们把它定名为雪花芦荟。喜欢充足的阳光，但夏季炎热条件下叶尖容易干枯；光照不足时，叶色暗淡，甚至植株瘦弱松散。花筒状，粉红色，花期夏季。

 养护技巧

参照琉璃姬孔雀/羽生锦。

库拉索（百合科芦荟属）

....

特　性：茎较短。叶片狭披针形，簇生于茎顶，直立或近于直立，肥厚多汁；叶先端长，渐尖，基部宽阔，粉绿色，边缘有刺状小齿。花期2—3月，花茎高50～80 cm，总状花序，花黄色。

 养护技巧

参照琉璃姬孔雀/羽生锦。

千代田锦/翠花掌（百合科芦荟属）

....

特　性：茎极短。叶自根部长出，旋叠状，三角剑形，叶正面深凹，叶缘密生短而细的白色肉质刺。叶色深绿，有不规则排列的银白色斑纹。夏季开花，总状花序，花橙黄色至橙红色。蒴果形状奇特，种子草帽形、有翅。

 **养护技巧**

参照琉璃姬孔雀/羽生锦。

宝萢（百合科元宝掌属）

特　性：叶片剑状，深绿色，有白点，排列成莲座状，但叶较直立，端稍弯曲，边缘小缺刻，叶尖端有须，叶背有明显龙骨。

 养护技巧

日照｜一般放在阳光充足的地方，避免直晒。
温度｜生长适温为20~30℃，耐热，也耐寒，冬季只要避免霜害即可。
水分｜耐干旱，最怕积水。
土壤｜盆土宜用排水性良好、肥沃的疏松土质。
繁殖｜扦插、分株，以分株为主。

波路（百合科元宝掌属）

特　性：叶片三角形，深绿色，前端略向外，叶尖稍红，叶背上部有2条龙骨突，布满白齿状小硬疣，叶背下部有1条龙骨突，截面呈三角形，叶缘布满白色小疣。花序高，花基部红色。

 养护技巧

参照宝萢。

弹簧草（百合科哨兵花属）

....

特　性：叶片卷曲，线形，表面光滑，叶前端螺旋生长，似弹簧状，具圆形或不规则形鳞茎。2—4月开花，花白天开放，傍晚闭合。花淡黄色，具淡雅芳香。

 养护技巧

日照｜喜阳光充足环境，光照不足时叶片卷曲差。5月以后要遮阴，避免烈日暴晒引起叶尖干枯。

温度｜喜凉爽，夏季高温休眠，秋季至翌年春季生长。

水分｜对水分需求不多。

土壤｜盆土要求肥沃并具有良好的排水性。

繁殖｜分株、播种。

Chapter **6**

其他科属多肉

沙漠玫瑰/天宝花
（夹竹桃科沙漠玫瑰属）

特　性：夏型种。单叶互生，叶片倒卵形至椭圆形，全缘，近无柄。伞房花序顶生。花似小喇叭，玫瑰红色，十分艳丽。因原产地接近沙漠且红如玫瑰而得名。

养护技巧

日照｜喜阳光充足，休眠期仍需要充足的阳光来越冬。

温度｜可在恶劣环境中生存，耐酷暑，不耐寒，生长适温为20~30℃。

水分｜耐干旱，不耐湿，切勿在休眠期浇水。

土壤｜盆土宜用富含钙质、疏松透气、排水良好的沙质土壤。

繁殖｜扦插、播种。播种植株才有膨大的基干部。

非洲霸王树
（夹竹桃科棒槌树属）

....

特　性：夏型种。植株高大，茎干褐绿色，圆柱形，肥大挺拔，且浑身密生3枚一簇的硬刺。线形的叶片如将军所戴盔帽上的翎子，整株似一位威武刚强的霸王，故而得名。夏季开花，花白色，高脚碟状，形似普通夹竹桃的花，花期较长。

 养护技巧

日照｜喜阳光充足。

温度｜喜温暖、高温，不耐寒。

水分｜耐干旱，浇水应掌握"见干见湿"原则。

土壤｜盆土宜用疏松肥沃、排水透气性良好并含有适量石灰质的沙质土壤。

繁殖｜常用播种和分株繁殖，以种子繁殖为主。

锦上珠（菊科千里光属）

特　性：茎直立或匍匐生长，茎、叶表面覆有
白粉。与珍珠吊兰同属，形态特征非常相似，
生长习性几乎相同。叶片呈水滴状并有细
小的纹路。头状花序，秋季自茎顶
开花。花管状，花瓣白色，花
蕊黄色，伸出管状花外。

 养护技巧

日照｜对日照需求不多，可半阴栽培，夏季特别是中午
　　　需要遮阴。

温度｜忌高温高湿，性喜温暖湿润、通风良好的环境。
　　　夏季高温时一定要加强通风，冬季保持10℃以上
　　　会持续生长，越冬温度为5℃。

水分｜浇水应掌握"见干见湿"原则，宁干勿湿。

土壤｜盆土宜选用富含有机质、疏松肥沃的基质。

繁殖｜扦插、分株。

珍珠吊兰/佛珠
（菊科千里光属）

特　性：叶片圆润，互生，生长较疏，深绿色，似珠子。茎纤细，植株似一串串佛珠，有"佛珠""绿葡萄""情人泪"之美称。头状花序顶生，花白色或褐色，花蕾红色。花期一般在12月至翌年1月。

 养护技巧

参照锦上珠。

蓝松
（菊科千里光属）

特　性：夏型种。根系特别强大，生长非常迅速，栽种时应选择较深的花盆。喜明亮光线，散光环境能生长得非常好，忌荫蔽。耐热，喜潮湿。头状花序，夏季开花，花小，浅黄白色。

 养护技巧

参照锦上珠。

金枝玉叶/马齿苋树（马齿苋科马齿苋属）

特　性：叶似马齿，对生，在正常情况下叶色全绿，叶面平滑。茎肉质，紫褐色至浅褐色，分枝近水平，新枝在阳光充足的条件下紫红色。枝干特别容易木质化，呈树状。花红色，非常漂亮，但很难遇见。当生长到一定的高度时可进行造型，应经常修剪、抹芽，以保持树形的优美。

 养护技巧

日照｜喜阳光充足环境，耐半阴。在夏季高温时可适当遮阴，以防烈日暴晒，并注意通风。

温度｜喜温暖，不耐寒，5℃左右时植株叶片会大量脱落。

水分｜耐旱，喜干燥的环境，忌阴湿。生长期浇水应掌握"见干见湿"原则，避免盆土积水。

土壤｜盆土宜用松软的沙质基质。

繁殖｜扦插。

雅乐之舞（马齿苋科马齿苋属）

特　　性：金枝玉叶锦斑变异品种。嫩枝紫红色，老茎紫褐色，分枝近水平。肉质叶交互对生，叶片大部分为黄白色，新叶叶缘有红晕。在散射光条件下能正常生长，但叶片上的锦斑色彩会减退，增加日照时间叶片呈金黄色，非常漂亮。

 养护技巧

参照金枝玉叶/马齿苋树。

金钱木/金铖木（马齿苋科马齿苋属）

特　　性：地下部有肥大的块状茎，地上部无主茎。羽状复叶自块茎顶端抽生，每个叶轴有对生或近似对生的小叶6~10对。叶片卵形，厚革质，绿色，有金属光泽。

 养护技巧

参照金枝玉叶/马齿苋树。

吹雪之松锦/回欢草 （马齿苋科回欢草属）

·········

特　性：叶片倒卵形，顶端叶片似莲花展开，叶腋间有白色丝状毛，开玫瑰色小花。变异品种叶片上有橘红色斑块，更具观赏性。增加日照时间，叶片会转变为红色，加上植株原有的白色锦斑，非常漂亮。容易垂吊，可作为吊盆养殖。

🌸 养护技巧

日照｜喜阳光，但忌长时间烈日暴晒。可半阴栽培，长时间阴养容易徒长，但不影响生长。

温度｜保持在15~28℃为好，植株可忍受的最低温为5℃、最高温为35℃。

水分｜喜干燥，春秋季生长季节，浇水应掌握"见干见湿"原则。冬季与夏季会处于半休眠状态，注意减少浇水，保持盆土干燥，浇水过多会导致烂根。

土壤｜盆土宜用松软、排水良好的沙质土壤。

繁殖｜播种、扦插。

碰碰香（唇形科延命草属）
....

特　性：多分枝，全株被有细密的白色茸毛。叶肉质，卵圆形，交互对生，边缘有钝锯齿，绿色。手指接触其叶片后会留有宜人的清香，因此得名碰碰香。花瓣伞形，深红色、粉红色、白色、蓝色等。

 养护技巧

日照｜喜阳光，但忌长时间暴晒，可半阴栽培，长时间阴养容易徒长。

温度｜喜温暖，怕寒冷，保持在15~28℃为好，特别容易冻伤，冬季温度宜保持在0℃以上。

水分｜春秋季生长季节土壤干透后再浇透水。冬季保持盆土干燥，浇水过多会导致烂根。

土壤｜盆土宜用疏松、排水良好的沙质土壤。

繁殖｜扦插。

红椒草/红叶椒草

（胡椒科椒草属）

· · · · · · · · · ·

特　性：植株矮小，高5~8 cm，全株
肉质。叶片椭圆形，对生或轮生，叶面暗
绿色，叶背红色，叶片具短柄。叶片两边微微上
翻，使叶面中间形成一浅沟，背面呈龙骨状突起。春末夏初开花，
花序棒状，绿色。

 养护技巧

日照｜喜阳光充足，忌烈日暴晒和过分荫蔽，在光
　　　线明亮又无直射阳光处生长良好。冬季需放
　　　在室内阳光充足处越冬。

温度｜不耐寒，生长适温为18~28℃，具有冷凉季
　　　节生长、夏季高温和冬季低温休眠的习性。

水分｜较耐旱，生长期保持盆土湿润而不积水。浇
　　　水宁少勿多，以盆土稍干燥为好。

土壤｜盆土宜用疏松肥沃、排水透气性良好并含有
　　　适量石灰质的沙质土壤。

繁殖｜扦插。

雷神/戟叶龙舌兰

（龙舌兰科龙舌兰属）

‥‥‥‥‥‥‥‥

特　性：株高60~90 cm。叶呈莲座状簇生，叶片比较厚，灰绿色，叶端红褐色长尖刺十分醒目，叶缘具锈红色短刺，被白粉。圆锥花序，夏季开花，小花近漏斗状，黄色。老株在开花后死亡。

 养护技巧

日照｜喜光照，夏季要遮阴通风并放在有散射光的地方。

温度｜喜温暖的环境，具有温暖季节生长、寒冷季节休眠的习性，生长适温为18~25℃，夏季高温时注意通风降温，冬季温度不要低于5℃，注意及时放在室内阳光处养护。

水分｜耐干旱，最怕积水，忌雨淋，在正常情况下10~15天浇1次水，夏季可一周1次。冬季休眠期间要控制浇水，保持盆土较为干燥。

土壤｜盆土要求肥沃，并具有良好的排水性。不需每年换盆。

繁殖｜侧芽分株。

王妃雷神/棱叶龙舌兰

（龙舌兰科龙舌兰属）

特　性：雷神的小型变种。植株矮小，无茎。叶质厚，呈莲座状簇生，叶宽而短。叶片灰绿色，红褐色尖刺十分醒目，叶缘具锈红色齿，被白粉。圆锥花序，小花近漏斗状，黄色。蒴果。夏季开花，老株在开花后死亡。常见的变种还有王妃雷神白中斑、王妃雷神浅中斑、王妃雷神黄中斑、王妃雷神白覆轮、王妃雷神黄覆轮等。

 养护技巧

参照雷神/戟叶龙舌兰。

怒雷神（龙舌兰科龙舌兰属）

特　性：植株矮小。叶片倒卵状匙形，呈莲座状排列。叶基丛生，基部较狭，质厚，灰白色或淡青色，叶端、叶缘着生黑褐色刺，叶缘具倒锯齿。无叶柄，易生子株。

 养护技巧

参照雷神/戟叶龙舌兰。

吉祥冠/吉祥天

（龙舌兰科龙舌兰属）

特　性：叶片排列成莲座状，呈放射状丛生。叶片坚挺，叶缘或叶片中央有黄、白色条纹，直立生长，叶端硬刺长。易生侧芽，侧芽叶片较细长。成株后叶片转宽短，并出现漂亮的刺。

 **养护技巧**

参照雷神/戟叶龙舌兰。

王妃吉祥天锦（龙舌兰科龙舌兰属）

· · · · · · · · · ·

特　性：叶片排成莲座状，放射状丛生。叶片坚挺，生长密集，倒广卵形，顶部较尖，叶缘有墨褐色短齿，叶尖有红褐色硬刺，稍有弯曲，叶青绿色或灰绿色，被有白粉。叶缘或叶片中央有黄、白色条纹。

 养护技巧

参照雷神/戟叶龙舌兰。

黄覆轮吉祥冠
（龙舌兰科龙舌兰属）

· · · · · · · · · ·

特　性：叶片坚挺，边缘有黄色的边线，叶片排列成莲座状，放射状丛生，其叶片很多，生长密集，叶尖端有褐色长刺。

 养护技巧

参照雷神/戟叶龙舌兰。

泷之白丝（龙舌兰科龙舌兰属）

特　性：叶肉质，排列成莲座状，平展或放射状生长，叶盘直径可达70~100 cm。叶片硬而直，近线形，叶尖有硬刺，叶色浓绿，叶缘有角质，每隔一段距离生有细长而卷曲的白色纤维。以叶片排列紧凑、叶面白色线条显著、叶缘白色纤维长而密者为佳。夏季开花，花小，红褐色。

 养护技巧

参照雷神/戟叶龙舌兰。

养护技巧

参照雷神/戟叶龙舌兰。

笹之雪（龙舌兰科龙舌兰属）

特　性：植株无茎，叶肉质，三角锥形，排列成莲座状，先端细，腹面扁平，背面圆形，微呈龙骨状突起。叶绿色，有不规则的白色线条，叶缘及叶背的龙骨突上均有白色角质，叶顶端有坚硬的黑刺。植株生长30年左右才能开花。

酒瓶兰 （龙舌兰科酒瓶兰属）

特　性：株高可达10 m，盆栽种植一般高
0.5~1.0 m。叶着生于茎干顶端，细长线状，全
缘或细齿缘，革质而下垂，叶缘具细锯齿。地
下根肉质。茎干直立，下部肥大，状似酒瓶。
圆锥状花序，花小，白色，10年以上的植株才
能开花。

 养护技巧

日照｜喜阳光充足环境。秋、冬、春三季可以给予充足的
　　　阳光，但在夏季要遮阴50%以上。

温度｜喜温暖，生长适温为16~28℃，耐寒，越冬温度为
　　　0℃。

水分｜喜湿润，耐旱，需水较少，切忌盆土积水，可少淋
　　　水，在冬季主要是做好控肥控水工作。

土壤｜盆土宜用肥沃、排水通气良好、富含腐殖质的沙质
　　　土壤。

繁殖｜扦插。

爱之蔓/吊金钱

（萝藦科吊灯花属）

特　性：叶片呈心状，对生，银灰色，长
1~1.5 cm，宽约1.5 cm。叶面上有灰色网状花
纹，叶背紫红色。植株可匍匐于地面或悬垂，
茎蔓似用绳串吊的铜钱，故名吊金钱。又因其
茎细长似一条条项链垂吊着心形对生叶，所以
又叫它"心心相印"。春末夏初开花，花红褐
色或淡紫红色，壶状。果实羊角状。

 养护技巧

日照｜对日照需求不多，散光下即可生长得很好，忌强
　　　光直射。如果养护环境长期过阴而光线不足，易
　　　造成节间徒长。

温度｜春秋季是生长旺盛季节，除夏季短暂休眠外，几
　　　乎全年都可生长。生长适温为15~25℃。

水分｜对水分需求不多。

土壤｜盆土要求肥沃并具有良好的排水性。

繁殖｜球根分株、扦插。

球兰/雪球花
（萝藦科球兰属）

· · · · · · · · · ·

特　性：攀援附生于树上。叶对生，肉质，卵圆形至卵圆状长圆形，顶端钝，基部圆形。茎节上生气生根。聚伞花序腋生，着花约30朵。小花星状，红白色，花冠辐状，花冠筒短。花期4—6月，果期7—8月。本品种根粗而少，可以2~3年换盆1次。

 养护技巧

日照｜喜散射光，耐半阴环境，忌烈日暴晒。若光照过强，叶色会泛黄，无光泽。

温度｜喜温暖，生长适温为20~25℃。盆栽需在温室越冬。

水分｜适宜稍干土壤，在高温高湿的环境中容易发生软腐病。

土壤｜盆土宜用富含腐殖质且排水良好的土壤。

繁殖｜扦插和压条。

心叶球兰/情人球兰
（萝藦科球兰属）

· · · · · · · · · ·

特　性：茎枝攀爬达2 m，节间有气生根。叶片心形，对生，绿色。叶柄粗壮，叶片基部近心形，顶部尖至钝圆形。伞状花序腋生，半球状，花30~50朵，白色，星状，具芳香。花期5月。本品种根粗而少，可以2~3年换盆1次。

 **养护技巧**

参照球兰/雪球花。

紫龙角/水牛角
（萝藦科水牛角属）

· · · · · · · · · ·

特　性：夏型种。植株直立、低矮，肉质，分枝多。茎无叶，具4棱。肉质茎长满龙角状突起，表面灰绿色，长有紫褐色斑纹。夏季开深褐红色星状花。花有臭味，会吸引苍蝇。

 养护技巧

日照｜喜阳光充足，需要柔和光照。

温度｜喜温暖，不耐寒。生长适温为18~22℃，冬季不低于10℃，温度过低表皮会显示紫红色。

水分｜耐干旱，适应于热带干湿季气候。浇水应掌握"见干见湿"原则。

土壤｜盆土宜用疏松、肥沃和排水良好的沙质土壤。

繁殖｜扦插和播种。扦插可结合春季换盆进行。

大花犀角/臭肉花
（萝藦科豹皮花属）

. . . .

特　性：株高约30 cm，直立向上，基部分枝，叶退化成毛针状，有齿状突起长于棱边，齿长0.2~0.3 cm。茎四角棱状，灰绿色，无叶，形如犀牛角。花大，五裂张开，星形，具淡黑紫色横斑纹，边缘密生长细毛，具臭味，故又名臭肉花。花期7—8月。果实为蓇葖果，长15~18 cm，近似圆柱形，有茸毛。

 养护技巧

日照｜喜阳光充足，需要柔和光照。

温度｜夏季高温时全休眠或半休眠，生长适温为18~25℃，冬季不低于12℃，温度过低表皮会显示紫红色。

水分｜春秋两季生长期要充分浇水，夏季控制浇水，冬季要保持盆土稍干燥。

土壤｜盆土宜用疏松、肥沃和排水良好的沙质壤土。

繁殖｜分株、扦插或播种。

魁伟玉（大戟科大戟属）

特　性：植株具粗圆筒形肉质茎，有10条以上的突出棱，表皮绿色至灰绿色，被有白粉，幼时球形，容易群生。茎肉质，绿色，有棱，棱上生有较密集的红褐色刺，但容易脱落。叶片小，退化成薄片状，早脱落。聚伞花序，花紫红色。

 养护技巧

日照｜生长期要求有充足的光照，但强光暴晒易被灼伤。

温度｜生长适温为18~25℃，不耐寒冷和阴湿，冬季要求不低于5℃。

水分｜耐干旱，浇水以保持盆土稍干燥为好。春秋两季生长期可适当浇水，夏季要控制浇水，冬季要保持盆土稍干燥。

土壤｜盆土宜用疏松肥沃、排水透气性良好并含有适量石灰质的沙质土壤。根粗而少，可以2~3年换盆1次。

繁殖｜分株、扦插，常用扦插法。

世蟹丸

（大戟科大戟属）

•••••••••

特　　性：植株具粗圆筒形肉质茎，绿色，有6~8条突出棱，棱上生有红褐色长刺，表皮绿色至灰绿色。幼时球形，容易群生。

 养护技巧

参照魁伟玉。

红彩阁/火麒麟

（大戟科大戟属）

•••••••••

特　　性：无叶，茎圆筒形，肉质，绿色，易群生，分枝全部向上生长，具6条棱，棱疣排生锥形红色刺，刺长2~3 cm。聚伞花序，秋冬季开花，花小，杯状，黄色。

 养护技巧

参照魁伟玉。

琉璃晃（大戟科大戟属）

特　性：株高8~10 cm。茎球状或短圆筒形，易生不定芽，常群生。茎具12~20条纵向排列的锥状疣突，绿色，具短刺。叶片着生在每个疣突的顶端，细小，早落。聚伞花序着生在主茎或分枝茎的顶端，花杯状，黄绿色。夏季开花。琉璃晃的汁液有毒，对眼睛、皮肤和黏膜危害较大，栽培时必须小心处理。

 **养护技巧**

参照魁伟玉。

铜绿麒麟（大戟科大戟属）

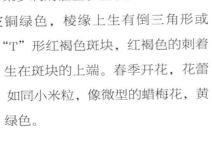

特　性：茎枝似小狼牙棒，带红褐色长刺，从基部分枝，形成密集多刺的灌丛。茎枝具4~5条棱，表皮铜绿色，棱缘上生有倒三角形或"T"形红褐色斑块，红褐色的刺着生在斑块的上端。春季开花，花蕾如同小米粒，像微型的蜡梅花，黄绿色。

 养护技巧

参照魁伟玉。

白角麒麟/龙骨木
（大戟科大戟属）

特　性：株高仅60 cm左右，但形成的株丛宽可达2 m。茎直立，多汁，呈四角状。白角麒麟的汁液中含有高浓度的毒素，绝对不可以食用，更不能碰到眼睛和舌头，其所含的活性成分会直接导致痛觉神经末梢失活。

 养护技巧

参照魁伟玉。

虎刺梅/铁海棠
（大戟科大戟属）

特　性：茎多分枝，具纵棱，密生硬而尖的锥状刺，刺长1~1.5 cm，排列于棱脊上。叶互生，倒卵形或长圆匙形，通常集中于嫩枝上。二歧聚伞花序生于枝上部叶腋，花红色、黄色、粉色、白色。蒴果三棱状卵形。

 养护技巧

参照魁伟玉。

 养护技巧

参照魁伟玉。

霸王鞭（大戟科大戟属）

特　性：植株具丰富的乳汁。茎高可达7 m。叶片倒披针形至匙形，互生，密集于分枝顶端，先端钝或近平截，基部渐窄；侧脉不明显，肉质；托叶刺状。二歧聚伞花序生于枝的顶部；总苞杯状，黄色，横圆形。蒴果三棱状，平滑无毛，灰褐色。种子圆柱状，5—7月开花结果。

将军阁（大戟科翡翠塔属）

特　性：植株低矮，易分枝的肉质茎最初呈圆球状，以后逐渐呈高约40 cm的圆柱状，其表面布满瘤状突起。叶椭圆形，稍具肉质，正面深绿色，有明显的灰白色脉纹，叶背颜色稍浅。花淡粉红色。

 养护技巧

日照｜喜阳光充足，夏季应加强通风、适当遮阴，
　　　以防烈日暴晒。

温度｜喜温暖，冬季宜放在室内阳光充足处，保持
　　　盆土适度干燥，5℃以上可安全越冬。在夏季
　　　高温或冬季低温时，其叶片往往脱落，属正
　　　常现象。

水分｜较耐旱，浇水不宜多，若盆土长期过湿，会
　　　引起烂根。

土壤｜盆土宜用疏松、排水良好的基质。

繁殖｜播种和扦插。

仙人掌（仙人掌科仙人掌属）

特　性：丛生肉质灌木，高1.5~3 m。上部分枝宽，倒卵状椭圆形或近圆形，叶片钻形，绿色，早落。刺硬，黄色。6—10月开花，花辐状，淡黄色。

 养护技巧

日照｜喜阳光温暖，怕寒冷。

温度｜喜温暖，冬季需放在室内阳光充足处越冬。

水分｜耐旱怕涝，浇水宜少不宜多，盆内半湿即可。休眠期不浇水。茎部茸毛、带有白色粉末处和嫁接部位等切勿浇水。

土壤｜盆土宜选用中性、微碱性的沙质基质。

繁殖｜分株、扦插。

量天尺（仙人掌科量天尺属）

特　性：仙人掌科攀援植物，具气生根。分枝多数，深绿色至淡蓝绿色，无毛，老枝淡褐色。花呈漏斗状，于夜间开放；花托及花托筒密被淡绿色或黄绿色鳞片，花丝黄白色，花药淡黄色，花柱黄白色，线形。花可作蔬菜，亦称为霸王花。浆果红色，果脐小，果肉白色。

 养护技巧

日照｜喜温暖湿润、光照充足环境。

温度｜冬季需放在室内阳光充足处越冬。

水分｜春夏季应多浇水，使其根系保持旺盛生长状态。果实膨大期要保持土壤湿润，以利于果实生长。冬季要控水，以增强枝条的抗寒力。

繁殖｜扦插。

火龙果/仙蜜果
（仙人掌科量天尺属）

特　性：攀援肉质灌木，具气生根，分枝多。叶片棱常呈翅状，边缘波状或圆齿状，深绿色至淡蓝绿色，骨质。夜间开花，花黄白色，漏斗状。浆果红色，长球形，果脐小，果肉白色、红色。7—12月开花结果。

 养护技巧

参照量天尺。

龙神木/蓝爱神木
（仙人掌科龙神柱属）

· · · · · · · · · ·

特　性：植株呈多分枝的乔木状，柱状肉质茎粗6~10 cm。刺座生于棱缘，排列稀疏。周刺5枚，初为红褐色，后为黑褐色。茎表皮光滑，蓝绿色，新长出的茎被有白粉。花朵白色中稍带绿色，夏季开花，昼开夜闭，具芳香。浆果蓝色。

 养护技巧

日照｜需要柔和的光照，夏季需适当遮
　　　阴，以防烈日暴晒。

温度｜喜温暖，冬季需放在室内阳光充足
　　　处越冬。

水分｜较耐旱，浇水以盆土稍干燥为好。

土壤｜盆土宜用疏松、排水良好的基质。

繁殖｜分株和扦插繁殖。

金手指（仙人掌科乳突球属）

特　性：全株布满黄色的刺毛。初始单生，后易从基部群生子球。子球圆球形至圆筒形，单体株径1.5~2 cm。茎黄绿色，具圆锥状疣突的螺旋棱。黄白色刚毛样短小周刺15~20枚，黄褐色针状中刺1枚，易脱落。春末夏初开淡黄色、橙色或白色花，花钟状。

 养护技巧

日照｜喜阳光充足，秋季至翌年春季应将植株置于阳光充足处。

温度｜生长适温20~26℃，具有温暖季节生长、寒冷季节休眠的习性，夏季高温炎热期应加强通风，适当蔽荫，以防球体被强光灼伤。越冬期间应注意防寒，室温保持在5℃以上。

水分｜春秋生长季节，浇水应掌握"见干见湿"原则，避免将水浇到球体。冬天要严格控水，保持盆土稍微干燥状态。

土壤｜盆土宜用肥沃、排水良好的沙质土壤。

繁殖｜分株、嫁接或播种。

白鸟/银手球
（仙人掌科乳突球属）

· · · · · · · · ·

特　性： 乳突球品种。球状，初单生后群生，球质很软。球体较小。疣突圆柱形，疣腋无毛。刺座较密集，周刺100枚左右，白色而细小，通体被软白刺包被，刺座呈强烈放射状。花钟状，淡玫瑰红色或红色。

玉翁 （仙人掌科乳突球属）

· · · · · · · · ·

特　性： 仙人球类热门品种。植株单生，圆球形至椭圆形，体色鲜绿，具螺旋状排列瘤突，上生黄色刺座，球身布满白色软刺。春天开花，桃红色小花围绕球体形成一个圈，非常别致。花期非常短，一般开一两天就谢了。

 养护技巧

参照金手指。

 养护技巧

参照金手指。

猩猩丸（仙人掌科乳突球属）

特　性：初单生，后群生，圆筒状。茎深绿色，疣状突起呈卵形至圆锥形，疣突腋部有辐射刺20~30枚，针形，其中1枚有钩。花浅红色至紫红色，春季在球顶四周成圈开红色或带紫色中条纹小花。

 养护技巧

参照金手指。

白玉兔（仙人掌科乳突球属）

特　性：圆球形至圆筒形，蓝绿色或绿色，初为单生，有群生性，肌体有白色乳汁。球有白绵毛及刺毛；辐射刺16~20枚或更多，新刺上部差不多为肉色，刺端褐色。春末至夏季开花，花钟形，红色。

 养护技巧

参照金手指。

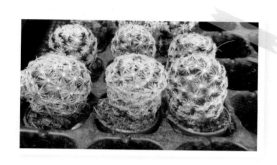

杜威丸（仙人掌科乳突球属）
·········

特　性：圆球形至椭圆形，蓝绿色或绿色，初为单生，有群生性，体色鲜绿。球茎密被白色羽毛状刺，刺座茸毛状。花生于疣突的疣腋部，黄色，无味。需要较强光照、充足阳光和昼夜温差大的环境，缺乏光照容易呈柱状。

 养护技巧————————

参照金手指。

白雪光
（仙人掌科乳突球属）
·········

特　性：仙人球类热门品种。植株单生，圆球形至椭圆形，体色鲜绿。茎小球形，密集丛生，直径5~7 cm，深绿色，密被白色刺。淡黄色的花苞从乳突与乳突间冒出，花小，白色，带有香味。

 养护技巧————————

参照金手指。

绯花玉（仙人掌科裸萼球属）

·········

特　性：扁球状，直径可达10 cm，棱8~16条，刺针状。周刺5枚，灰色；中刺1枚，稍粗，褐色，最长可达1.5 cm。夏季开花，花顶生，直径3~5 cm，白色、红色或玫瑰红色。果实纺锤状，深灰绿色。

 养护技巧

日照 ｜ 喜阳光充足环境，需要柔和光照，可耐短时间半阴，夏季高温炎热期应适当蔽荫，以防球体被强光灼伤。

温度 ｜ 喜欢温暖，具有温暖季节生长、寒冷季节休眠的习性，夏季高温炎热期应适当通风，冬季养护温度不低于5℃。

水分 ｜ 耐干旱，喜干燥环境，夏季浇水应掌握"见干见湿"原则，冬季注意保持盆土干燥。

土壤 ｜ 盆土宜用肥沃、排水良好、富含钙质的沙质土壤。

繁殖 ｜ 播种、分球繁殖。

瑞云/瑞云牡丹（仙人掌科裸萼球属）

特　　性：球体暗绿色到紫色，近圆形。株高7~10 cm，球径约8 cm，具8~12条棱，棱壁有横向的肋骨，刺座着生褐色刺3~4枚，刺长0.5 cm。在光线过强时表面红褐色，过弱时呈绿色并且球体变长。夏季开花，从顶部的刺座长出花蕾，花粉红色，昼开夜闭。花在阳光充足时能充分绽放，阴天则半开半合。

 养护技巧

参照绯花玉。

牡丹玉（仙人掌科裸萼球属）

特　　性：牡丹玉为瑞云变种。植株扁球形，球体中小型，有突出的横脊。球体深红色、橙红色、粉色和紫红色。花细长，花冠筒漏斗状，着生于近端的刺座上，常数花同时开放。春夏季开花，花淡红色或粉红色。

翠晃冠
（仙人掌科裸萼球属）

特　　性：植株单生，后易萌生子球，扁圆球形至圆球形，灰绿色。球径10~12 cm，体灰绿色，具11~13条疣状突起的棱。细针样刺5~7枚，黄白色，长3~5 cm。春夏季顶生粉白色漏斗状花。

 养护技巧

参照绯花玉。

 养护技巧

参照绯花玉。

金晃/黄翁

（仙人掌科南国玉属）
....

特　　性：圆柱形，基部易分枝。棱30条或更多，刺座排列紧密。周刺15枚，刚毛状，黄白色；中刺3~4枚，黄色，细针状。花着生茎顶端，黄色。植株高20 cm左右才开花。开花时球顶端白毛增多。

 养护技巧

日照｜喜阳光充足，需要较强光照，秋季至翌年春季应将植株置于阳光充足处。

温度｜生长适温18~26℃，不耐寒，夏季高温炎热期应适当蔽荫，以防球体被强光灼伤。越冬期间应注意防寒，室温保持在5℃以上。

水分｜春秋季浇水应掌握"见干见湿"原则，避免将水浇到球体。冬季要控水，保持盆土稍微干燥状态。

土壤｜盆土宜用肥沃、排水良好的沙质土壤。

繁殖｜播种或切取子球分株。

英冠玉（仙人掌科南国玉属）

特　性：初单生，后群生，茎幼时球形，后随年龄增长渐变为圆筒形，株体蓝绿色，棱11~15条。茎顶密生茸毛，刺座密集，放射状刺12~15枚，毛状，黄白色。花大，花冠漏斗状，鹅黄色。

 养护技巧

参照金晃/黄翁。

狮子王球（仙人掌科南国玉属）

特　性：植株单生，扁球形或圆球形，深绿色，球体上具13~15条疣状突起的棱，周刺6~7枚，中刺2枚，淡黄色。花蕾顶生，从显蕾到开花约需1个月，花蕾似毛笔头，花苞打开为漏斗状，黄色，花蕾闭合后则为饱蘸颜料的彩笔状。

 养护技巧

参照金晃/黄翁。

黄花南国玉
（仙人掌科南国玉属）

特　性：茎圆柱形，基部易出子球，棱30条或更多，刺座排列紧密，刚毛状，黄白色。春季开花，花着生茎顶端，黄色，开花时球顶端白毛变褐红色。

 养护技巧

参照金晃/黄翁。

芳香玉/香花球（仙人掌科长疣球属）

特　性：球径6~7 cm，具清淡芳香。开花性强，黄色的花由疣腋中生出，午后会闭合起来，隔天早上再绽放。单花开放可持续1周。

 养护技巧

日照｜喜阳光充足，需要较强光照，秋季至翌年春季应将植株置于阳光充足处。

温度｜冷凉季节生长，高温期休眠。夏季高温炎热期应适当蔽荫，以防球体被强光灼伤。越冬期间应注意防寒。

水分｜浇水应掌握"见干见湿"原则，避免将水浇到球体。

土壤｜适应性较强，栽培比较容易，喜肥沃、排水良好的沙质土壤。

繁殖｜播种、嫁接。

金星/长疣八卦掌（仙人掌科长疣球属）

 养护技巧

参照芳香玉/香花球。

特　性：植株易从基部产生子球而呈群生状。球体具指状疣突，疣突长2~7 cm，青绿色。疣突顶端生刺座，具刺3~12枚。刺长约2 cm，黄褐色，先端色较深。花生于疣突的叶腋间，漏斗形。

犀角群/万重山
（仙人掌科天轮柱属）

特　性：仙人柱变种。形态似山非山，颜色翠绿，因外形峥嵘突兀，形似山峦，故名万重山。一般夏秋季开花，花大型喇叭状或漏斗形，白色或粉红色，夜开昼闭。

养护技巧

日照｜喜阳光充足，需要柔和光照，可在半阴环境中栽培。秋季至翌年春季应将植株置于阳光充足处。

温度｜喜温暖，夏季高温炎热期应加强通风，适当蔽荫。生长适温为10~25℃，温度维持在5~10℃即可安全越冬。

水分｜耐旱性强，耐贫瘠，耐空气潮湿，忌积水，浇水应掌握"见干见湿"原则。

土壤｜盆栽宜用透气、排水良好、富含石灰质的沙质土壤。

繁殖｜扦插。

山影拳/仙人山
（仙人掌科天轮柱属）

特　性：形态似山非山，似石非石，外形峥嵘突兀，形似山峦，犹如一盆别具一格的山石盆景。喜阳光，耐旱，耐贫瘠，也耐阴。冬季休眠，春季开花。为防止徒长、破坏造型、降低盆景的观赏价值，在养护过程中宜用较粗大的砾石、富含石灰质的沙质土各半的混合土。

养护技巧

参照犀角群/万重山。

蟹爪兰（仙人掌蟹爪兰属）

特　性：因节茎连接形状如螃蟹的爪，故名蟹爪兰。灌木状，无叶，茎无刺，多分枝。幼茎及分枝均扁平，每一节间矩圆形至倒卵形，长3~6 cm，鲜绿色，顶端截形，有时稍带紫色。春季开花，花生于枝顶，玫瑰红色，长筒状。

 养护技巧

日照┃需要柔和的光照，秋季至翌年春季应将植株置于阳光充足处。

温度┃生长适温为10~25℃，超过30℃进入半休眠状态。开花期10~15℃为好，低于10℃、温度突变及温差过大都会导致落花落蕾。花期移至散射光处养护，可延长观赏期。

水分┃春秋季生长季节，浇水应掌握"见干见湿"原则，避免将水浇到球体。冬季要控水，保持盆土稍微干燥状态。

土壤┃盆土以疏松肥沃、通透性好的微酸性基质为宜。

繁殖┃嫁接、扦插。

帝冠/帝冠牡丹

（仙人掌科帝冠属）

············

特　　性：植株球茎直径可达15~20 cm，灰绿色、三角形叶状疣突在茎部螺旋排列成莲座状。球茎顶端有白毛，疣突背面有龙骨突。疣突肉质坚硬，刺座在疣突顶端，长有刺2~4枚。刺细针状，稍内弯，早落。花顶生，短漏斗状，白色或略带粉红色。

养护技巧

日照｜需要柔和光照，不能暴晒，以防疣突变成暗红褐色、过度干缩而停止生长。不能长时间荫蔽，以防球体徒长。

温度｜生长适温为18~25℃，不耐寒。夏季高温炎热期应适当蔽荫，以防球体被强光灼伤。越冬期间应注意防寒，室温保持在5℃以上。

水分｜春秋季生长季节，浇水应掌握"见干见湿"原则，避免将水浇到球体。冬季要控水，保持盆土稍微干燥状态。

土壤｜盆土宜用肥沃、疏松、排水良好的沙质壤土。

繁殖｜播种、嫁接。

琉璃星兜/琉璃兜（仙人掌科星球属）

特　性：植株球形，表皮青绿色，球体通常具8条棱，无刺，刺座上黄白色绵毛组成星点。花着生于球顶部，漏斗菊花状，黄色或红色，一年可多次开花。

 养护技巧

日照｜喜阳光充足，对光照要求较高，但要避免强光灼伤。

温度｜喜温和湿润气候与通风良好的环境，生长适温为18~25℃，高温时宜放阴凉通风环境中。喜温差大，冬季夜间温度低于5℃时，可放置室内向阳处养护。

水分｜生长季节12~15天浇1次水，小水勤浇，不可积水。在高温干燥的天气，注意保持盆土的湿润，不要直接将水浇到小球上面，以免小球被灼伤而出现斑点。

土壤｜盆土宜用排水良好、富含石灰质的沙质土壤。换盆可在3—4月进行。

繁殖｜播种、嫁接。

鸾凤玉（仙人掌科星球属）

特　性：植株幼时球形，老时细长筒状，球径10~20 cm，球体有3~9条明显的棱，多数为5条。棱上的刺座无刺，但有褐色绵毛。灰青绿色的球体上密被细小的白色星点。春季至夏季开花，花顶生，漏斗状，橙黄色。

 养护技巧

参照琉璃星兜/琉璃兜。

金琥

（仙人掌科金琥属）

·········

特　性：植株圆球形，单生或群生，直径
可达80 cm或更大。球顶密被金黄色绵毛。
有21~37条棱。刺座很大，密生硬刺。刺金
黄色，后变褐色。辐射刺8~10枚，较粗，
稍弯曲。6—10月开花，花生于球顶部绵毛
丛中，钟形，黄色。

 养护技巧

日照 ｜ 喜阳光充足环境。

温度 ｜ 喜温和湿润气候与通风良好的环境。夏季高温应适当蔽荫，以防球体被强光灼伤。
　　　不耐寒，气温降至8℃以下时，可搬入室内向阳处养护，保持盆土干燥，谨防冷风
　　　吹袭。

水分 ｜ 怕积水，较喜肥，宜小水勤浇，最好是在清晨和傍晚浇水。在干燥的天气，注意保
　　　持盆土的湿润。

土壤 ｜ 盆土宜用肥沃、透水性好的石灰质沙质土壤。

繁殖 ｜ 播种、嫁接。

网刺球（仙人掌科强刺球属）

特　性：植株球形至长球形，深绿色，棱突出，刺座很大，上部具腺体。刺强大而质硬，中刺常具钩，且有环纹，刺色彩丰富。花顶生，漏斗状，黄色或红色。

养护技巧

日照 ｜ 需要充分光照，耐强光，秋季至翌年春季应将植株置于阳光充足处，较强紫外线光可使刺色鲜艳。

温度 ｜ 喜温暖，耐寒性差，需要加强对其的保温，温度维持在5~10℃即可安全越冬。

水分 ｜ 耐旱，耐贫瘠，忌积水，浇水应掌握"见干见湿"原则。夏季生长期需水较多，但浇水不要往球体上浇，以免球体产生黄斑。

土壤 ｜ 适应性较强，生长较快，喜肥沃、排水良好的沙质土壤。

繁殖 ｜ 嫁接。

日出之球（仙人掌科强刺球属）

特　性：植株单生，初呈扁圆形，后长成圆球形。茎深青绿色，有光泽。球体硕大，株型端庄，具15~23条棱，棱脊较薄，刺座大，排列稀，生有紫红色的针状周刺6~10枚、中刺4枚、宽大的主刺1枚。花钟状，红紫色或银紫色。

养护技巧

参照网刺球。

黄仙玉（仙人掌科白仙玉属）

....

特　性：植株单生，球形，高和直径均为15 cm，有16条棱，棱上有疣状突起。刺座椭圆形，有刺25枚。刺黄色，尖端红褐色。夏末秋初开花，花细长筒状，粉红色。

 养护技巧

日照｜喜阳光充足，需要柔和光照，不能暴晒，秋季至翌年春
　　　季应将植株置于阳光充足处。

温度｜冷凉季节生长，高温期休眠，生长适温为18~24℃。夏
　　　季高温炎热期应适当蔽荫，以防球体被强光灼伤。越冬
　　　期间应注意防寒，室温保持在5℃以上。

水分｜春秋季生长季节，浇水应掌握"见干见
　　　湿"原则，避免将水浇到球体。冬季要
　　　控水，保持盆土稍微干燥。

土壤｜适应性较强，栽培比较容易，喜肥沃、
　　　排水良好的沙质土壤。

繁殖｜播种、嫁接。

子吹王冠短毛丸（仙人掌科海胆属）

特　性：短毛丸变种。株高20 cm，直径10 cm，表皮绿色，多棱，母茎周边容易密集群生子球。刺座排列紧密，生有短毛状白刺。初夏开花，花白色。

 养护技巧

日照｜需要柔和光照，喜温暖和半阴的环境。秋季至翌年春季应将植株置于阳光充足处，光照弱的环境易徒长。

温度｜喜温暖，不耐寒，需要加强对其的保温养护。

水分｜耐旱，耐贫瘠，耐空气潮湿，忌积水。

土壤｜盆土宜用肥沃、排水良好的沙质土壤。

繁殖｜扦插。

青蛙王子/紫丽丸

（仙人掌科有沟宝山属）

特　性：春秋型种。球体平常绿色，低温和光照会使之变成粉紫色。冬季休眠，春季开花。花球状，紫红色、黄色。

🌸 养护技巧

日照｜喜阳光充足，需要柔和光照、昼夜温差大的环境。

温度｜夏季高温炎热期应加强通风，适当蔽荫，以防球体被强光灼伤。

水分｜耐干旱，忌积水，生长季节可以中度浇水，休眠期禁止浇水。

土壤｜根部易腐烂，需要选用较为粗大的砾石或沙子，以保持盆土通风透气，不要加泥炭等保水力很强的基质。

繁殖｜播种、扦插、嫁接。

白宫殿（仙人掌科老乐柱属）

特　性： 球体圆球形至圆柱形，密布羽状长毛，越靠近顶端长毛越密集，顶端着生花蕾。花夜开昼闭，漏斗形，白色或粉红色。

 养护技巧

日照 | 喜阳光充足，需要较强光照。

温度 | 具有温暖季节生长、寒冷季节休眠的习性，夏季高温炎热期应适当蔽荫。越冬期间应注意防寒，室温保持在5℃以上。

水分 | 浇水应掌握"见干见湿"原则，避免将水浇到球体。

土壤 | 盆土宜用疏松肥沃、排水透气性良好并含有适量石灰质的沙质土壤。

繁殖 | 切取子球扦插。

黄金纽/金纽

（仙人掌科群蛇柱属）

....

特　性：茎细长，无叶，密被黄褐色短刺，具气生根。花喇叭状，粉红色，昼开夜闭，在阳光充足时能充分绽放，阴天则半开半合。

 养护技巧

日照｜喜阳光充足，也耐短时间半阴，但忌长期光照不足。

温度｜生长适温为15~25℃，可耐4℃的低温，具有温暖季节生长、寒冷季节休眠的习性。夏季高温炎热期应适当蔽荫，以防球体被强光灼伤。冬季室温应不低于10℃。

水分｜夏季生长期需要充足水分，并需多喷水，保持较高的空气湿度，但是不可以积水。

土壤｜盆土宜用疏松肥沃、排水透气性良好并含有适量石灰质的沙质土壤。

繁殖｜分株、嫁接、播种。

绫波（仙人掌科绫波属）

········

特　性：植株单生，球体扁圆形，表皮深绿色，刺座较少，新刺淡黄色并间杂着淡红色，老刺黄褐色。春末夏初顶部开粉红色大花。

 养护技巧

日照 | 喜阳光充足。

温度 | 较耐寒，生长适温为18~25℃。喜温和湿润气候与通风良好的环境，夏季高温时宜放阴凉通风处。

水分 | 耐干旱，怕水渍，春至秋季宜小水勤浇，尤其是在高温干燥的天气，注意保持盆土的湿润，10~12天浇一次水。不要直接将水浇到小球，以免小球灼伤，出现斑点。

土壤 | 盆土宜用疏松肥沃、排水透气性良好并含有适量石灰质的沙质土壤。

繁殖 | 播种。

附录　品种检索表

品种名称	品种拼音	对应页码
A		
艾伦	ailun	110
爱斯诺/塞拉利昂	aisinuo/sailali'ang	037
爱之蔓/吊金钱	aizhiman/diaojinqian	160
B		
白斑玉露/水晶白玉露	baibanyulu/shuijingbaiyulu	129
白凤	baifeng	063
白宫殿	baigongdian	190
白角麒麟/龙骨木	baijiaoqilin/longgumu	167
白牡丹	baimudan	062
白鸟/银手球	bainiao/yinshouqiu	173
白雪光	baixueguang	175
白玉兔	baiyutu	174
棒叶不死鸟	bangyebusiniao	091
棒叶福娘	bangyefuniang	098
宝草/水晶掌	baocao/shuijingzhang	135
宝莉安娜	baoli'anna	057
宝蓑	baosuo	143
薄雪万年草/矶小松	baoxuewanniancao/jixiaosong	082
八千代	baqiandai	083
霸王鞭	bawangbian	167
苯巴蒂斯/笨巴	benbadisi/benba	066
冰河寿	bingheshou	133

（续表）

品种名称	品种拼音	对应页码
冰莓	bingmei	060
碧桃/鸡蛋玉莲	bitao/jidanyulian	050
碧玉莲/碧鱼莲	biyulian	124
波路	bolu	143
布丁	buding	108
不夜城芦荟	buyechengluhui	141
C		
彩虹/紫珍珠锦	caihong/zizhenzhujin	035
草玉露	caoyulu	129
长寿花/圣诞伽蓝菜	changshouhua/shengdangalancai	088
蝉翼玉露	chanyiyulu	127
赤鬼城	chiguicheng	075
吹雪之松锦/回欢草	chuixuezhisongjin/huihuancao	152
初恋	chulian	061
翠晃冠	cuihuangguan	177
D		
大和锦/三角莲座草	dahejin/sanjiaolianzuocao	044
大花犀角/臭肉花	dahuaxijiao/chourouhua	163
黛比	daibi	112
达摩福娘/丸叶福娘	damofuniang/wanyefuniang	098
丹妮尔	danni'er	067
大型玉露	daxingyulu	131
大叶落地生根/宽叶不死鸟	dayeluodishenggen/kuanyebusiniao	090
灯美人	dengmeiren	101
蒂比（TP）	dibi	047

（续表）

品种名称	品种拼音	对应页码
帝冠/帝冠牡丹	diguan/diguanmudan	183
帝玉	diyu	120
冬美人/东美人	dongmeiren	107
短叶虎尾兰	duanyehuweilan	136
杜威丸	duweiwan	175
F		
芳香玉/香花球	fangxiangyu/xianghuaqiu	180
翡翠殿	feicuidian	141
绯花玉	feihuayu	176
菲欧娜/菲奥娜	feiouna/feiaona	051
非洲霸王树	feizhoubawangshu	147
粉蓝鸟/厚叶蓝鸟	fenlanniao/houyelanniao	050
佛甲草/万年草	fojiacao/wanniancao	081
福娘	funiang	097
芙蓉雪莲	furongxuelian	061
福兔耳	futu'er	089
G		
高砂之翁	gaoshazhiweng	038
广寒宫	guanghangong	040
观音莲	guanyinlian	093
H		
黑法师/紫叶莲花掌	heifashi/ziyelianhuazhang	070
黑法师原始种	heifashiyuanshizhong	074
黑美人	heimeiren	106
黑门煞/黑门萨	heimensha/heimensa	057

（续表）

品种名称	品种拼音	对应页码
黑兔耳	heitu'er	088
黑王子	heiwanzi	041
黑爪	heizhao	058
红宝石	hongbaoshi	055
红彩阁/火麒麟	hongcaige/huoqilin	165
红唇	hongchun	048
红椒草/红叶椒草	hongjiaocao/hongyejiaocao	154
红卷绢	hongjuanjuan	095
红蜡东云/红东云	hongladongyun/hongdongyun	042
红美人	hongmeiren	105
红司/突叶红司	hongsi/tuyehongsi	048
红糖/太妃糖	hongtang/taifeitang	047
红爪/野玫瑰之精	hongzhao/yemeiguizhijing	058
红稚莲	hongzhilian	034
虹之玉/耳坠草	hongzhiyu/erzhuicao	084
华丽风车	hualifengche	113
黄覆轮吉祥冠	huangfulunjixiangguan	157
黄花南国玉	huanghuananguoyu	179
黄金纽/金纽	huangjinniu/jinniu	191
黄丽/宝石花	huangli/baoshihua	085
黄仙玉	huangxianyu	187
花月夜	huayueye	065
虎刺梅/铁海棠	hucimei/tiehaitang	167
火祭/秋火莲	huoji/qiuhuolian	076
火龙果/仙蜜果	huolongguo/xianmiguo	170

（续表）

品种名称	品种拼音	对应页码
J		
江户紫/斑点伽蓝菜	jianghuzi/bandiangalancai	092
将军阁	jiangjunge	168
鸡蛋美人	jidanmeiren	104
鸡蛋山地玫瑰	jidanshandimeigui	072
姬胧月	jilongyue	114
姬梅花鹿水泡	jimeihualushuipao	116
金边短叶虎尾兰	jinbianduanyehuweilan	137
静鼓寿	jinggushou	134
静夜	jingye	064
京之华	jingzhihua	127
金琥	jinhu	185
金晃/黄翁	jinhuang/huangweng	178
锦晃星/茸毛掌	jinhuangxing/rongmaozhang	044
锦铃殿	jinlingdian	115
金钱木/金铖木	jinqianmu/jinchengmu	151
锦上珠	jinshangzhu	148
金手指	jinshouzhi	172
金星/长疣八卦掌	jinxing/changyoubaguazhang	180
金枝玉叶/马齿苋树	jinzhiyuye/machixianshu	150
姬秋丽	jiqiuli	111
九轮塔/霜百合	jiulunta/shuangbaihe	135
酒瓶兰	jiupinglan	159
吉娃莲/吉娃娃	jiwalian/jiwawa	062
吉祥冠/吉祥天	jixiangguan/jixiangtian	156

（续表）

品种名称	品种拼音	对应页码
姬星美人	jixingmeiren	082
姬玉露	jiyulu	130
卷叶不死鸟	juanyebusiniao	092
橘球/指尖海棠	juqiu/zhijianhaitang	095
K		
康平寿	kangpingshou	132
克拉拉	kelala	051
快刀乱麻	kuaidaoluanma	122
魁伟玉	kuiweiyu	164
库拉索	kulasuo	142
L		
蜡牡丹	lamudan	054
兰黛莲/蓝黛莲	landailian	107
蓝豆	landou	114
蓝姬莲	lanjilian	037
蓝鸟	lanniao	049
蓝苹果/蓝精灵	lanpingguo/lanjingling	055
蓝石莲/皮氏石莲花	lanshilian/pishishilianhua	036
蓝松	lansong	149
雷神/戟叶龙舌兰	leishen/jiyelongshelan	155
棱镜	lengjing	069
量天尺	liangtianchi	170
莲花掌	lianhuazhang	071
丽娜莲	linalian	065
绫波	lingbo	192

（续表）

品种名称	品种拼音	对应页码
琉璃殿	liulidian	131
琉璃晃	liulihuang	166
琉璃姬孔雀/羽生锦	liulijikongque/yushengjin	140
琉璃星兜/琉璃兜	liulixingdou/liulidou	184
龙神木/蓝爱神木	longshenmu/lan'aishenmu	171
胧月	longyue	112
泷之白丝	longzhibaisi	158
鸾凤玉	luanfengyu	184
鹿角海棠	lujiaohaitang	118
露娜莲	lunalian	043
落日之雁/三色花月殿	luorizhiyan/sansehuayuedian	079
鲁氏石莲花	lushishilianhua	064
M		
美波/四海波	meibo/sihaibo	123
玫瑰莲	meiguilian	052
梅花鹿	meihualu	116
魅惑之宵/ 口红东云	meihuozhixiao/kouhongdongyun	045
梦露	menglu	067
明镜	mingjing	071
铭月	mingyue	086
牡丹玉	mudanyu	177
N		
怒雷神	nuleishen	156
怒涛	nutao	123
女雏	nüchu	043

（续表）

（续表）

品种名称	品种拼音	对应页码
沙漠玫瑰/天宝花	shamomeigui/tianbaohua	146
沙漠之星	shamozhixing	039
山长生草	shanchangshengcao	094
山地玫瑰	shandimeigui	072
珊瑚珠/锦珠	shanhuzhu/jinzhu	085
山影拳/仙人山	shanyingquan/xianrenshan	181
莎莎女王	shashanüwang	053
圣诞冬云	shengdandongyun	041
圣露易斯	shengluyisi	059
生石花	shengshihua	119
胜者骑兵/新圣骑兵	shengzheqibing/xinshengqibing	068
神想曲	shenxiangqu	116
世蟹丸	shixiewan	165
狮子王球	shiziwangqiu	179
十字星锦/星乙女锦	shizixingjin/xingyinüjin	077
霜之潮	shuangzhichao	063
酥皮鸭	supiya	053
T		
泰迪熊兔耳	taidixiongtu'er	089
唐印	tangyin	092
弹簧草	tanhuangcao	144
桃蛋/桃之卵	taodan/taozhiluan	110
桃美人	taomeiren	102
桃太郎	taotailang	059
特玉莲	teyulian	036

（续表）

品种名称	品种拼音	对应页码
天使之泪/美人之泪	tianshizhilei/meirenzhilei	086
条纹十二卷/锦鸡尾	tiaowenshi'erjuan/jingjiwei	128
铜绿麒麟	tonglüqilin	166
筒叶花月/吸财树	tongyehuayue/xicaishu	078
W		
王妃吉祥天锦	wangfeijixiangtianjin	157
王妃雷神/棱叶龙舌兰	wangfeileishen/lengyelongshelan	156
万圣节/红心法师	wanshengjie/hongxinfashi	074
晚霞	wanxia	040
丸叶姬秋丽	wanyejiqiuli	111
丸叶松绿	wanyesonglü	084
瓦松	wasong	100
卧牛	woniu	139
舞会红裙	wuhuihongqun	038
乌木	wumu	045
五十铃玉	wushilingyu	121
X		
仙人掌	xianrenzhang	169
小红衣	xiaohongyi	046
小蓝衣	xiaolanyi	054
小球玫瑰/龙血景天	xiaoqiumeigui/longxuejingtian	080
笹之雪	xiaozhixue	158
蟹爪兰	xiezhaolan	182
犀角群/万重山	xijiaoqun/wanchongshan	181
星美人/白美人	xingmeiren/baimeiren	102

（续表）

品种名称	品种拼音	对应页码
星王子	xingwangzi	078
猩猩丸	xingxingwan	174
星乙女/钱串	xingyinü/qianchuan	076
心叶球兰/情人球兰	xinyeqiulan/qingrenqiulan	161
新玉缀/新玉坠	xinyuzhui	086
熊童子	xiongtongzi	096
熊童子白锦	xiongtongzibaijin	097
西山寿	xishanshou	133
秀妍	xiuyan	049
雪花芦荟	xuehualuhui	142
雪莲	xuelian	069
Y		
雅乐之舞	yalezhiwu	151
艳日辉/清盛锦	yanrihui/qingshengjin	073
婴儿手指	ying'ershouzhi	104
英冠玉	yingguanyu	179
樱水晶	yingshuijing	128
鹰爪/虎纹鹰爪	yingzhao/huwenyingzhao	135
乙女心	yinüxin	083
圆头玉露	yuantouyulu	126
圆叶虎尾兰/筒叶虎尾兰	yuanyehuweilan/tongyehumeilan	137
玉杯冬云	yubeidongyun	042
玉吊钟/蝴蝶之舞	yudiaozhong/hudiezhiwu	091
玉蝶/石莲花	yudie/shilianhua	060
月美人	yuemeiren	103

（续表）

品种名称	品种拼音	对应页码
月兔耳	yuetu'er	087
月影	yueying	046
玉龙观音	yulongguanyin	073
玉扇	yushan	130
玉翁	yuweng	173
雨燕座	yuyanzuo	052
Z		
照姬	zhaoji	139
珍珠吊兰/佛珠	zhenzhudiaolan/fozhu	149
芷寿	zhishou	134
祉园之舞	zhiyuanzhiwu	039
蛛丝卷绢	zhusijuanjuan	094
子宝/元宝花	zibao/yuanbaohua	138
子持莲华	zichilianhua	099
子吹王冠短毛丸	zichuiwangguanduanmaowan	188
紫乐	zile	113
紫龙角/水牛角	zilongjiao/shuiniujiao	162
紫罗兰女王	ziluolannüwang	056
紫牡丹	zimudan	094
紫心/粉色回忆	zixin/fensehuiyi	066
紫珍珠/纽伦堡珍珠	zizhenzhu/niulunbaozhenzhu	035